PHILIP HÄUSSER

PHIL'S PHYSICS

PHILIP HÄUSSER

PHIL'S PHYSICS

Geniale Erfindungen, die das Leben erleichtern

KOMPLETTMEDIA

Originalausgabe

1. Auflage 2016
© Verlag Komplett-Media GmbH
2016, München/Grünwald
www.komplett-media.com
ISBN Print: 978-3-8312-0430-4
Auch als E-Book erhältlich

Umschlaggestaltung: Ellery Studio, Berlin
Lektorat: Ulrike Klein, Berlin
Satz und Layout: Carsten Klein, München
Druck und Bindung: Elanders, Germany
Foto Titelseite: © Philip Häusser
Printed in the EU

Alle Illustrationen: © Philip Häusser

Hinweis: Die in diesem Buch beschriebenen Experimente wurden sorgfältig ausgearbeitet und überprüft. Sie können jedoch auch bei ordnungsgemäßer Durchführung und Handhabung mit Gefahren verbunden sein. Ihre Durchführung sollte im Rahmen der Fürsorgepflicht der Eltern stattfinden. Verlag und Autor können keine Garantie für die Richtigkeit, Vollständigkeit und Durchführbarkeit der hier beschriebenen Experimente geben. Verlag und Autor übernehmen zudem keine Haftung für Schäden, die bei Durchführung der hier beschriebenen Experimente entstehen.

INHALT

VORWORT VON HARALD LESCH

Liebe Freunde der Physik,

es gibt viele Möglichkeiten, Menschen den Spaß an der Physik zu verderben. Zahllose Generationen Lehrer haben sich richtig ins Zeug gelegt, um trockenen und langweiligen Unterricht zu machen und eine Formel nach der anderen abzuhandeln. Der emotionalste Moment ist dann, wenn aus Versehen die Kreide herunter fällt.

Dabei ist das Verständnis der Gesetze, die die Dinge im Kleinsten wie im Größten bestimmen, enorm wichtig. Wäre der Mensch nicht neugierig und immer auf der Suche nach Erklärungen für die Phänomene des Alltags, würden wir wahrscheinlich immer noch in der Höhle sitzen. Ein Phänomen unserer Zeit scheint zu sein, Sachen einfach hinzunehmen. Und wenn man etwas nicht weiß, ist Wikipedia ja auch nur zwei Klicks entfernt. Wozu sich also mit Physik befassen.

Das ist bestürzend und wir sollten uns überlegen, ob wir wirklich wollen, dass irgendwann einmal nur noch ein paar wenige Leute über das Spezialwissen verfügen, das nötig ist um Quantencomputer & Co. zu bauen, während der Rest im Tal der Unwissenheit schläft. Eine Grundbildung in politischer, philosophischer und eben auch naturwissenschaftlicher Art und Weise ist ein Weg aus diesem Tal. »Phil's Physics« ist endlich mal ein richtig gutes Buch zur Physik. Nicht dieses theoretische Gequatsche über den Anfang des Universums, ob das Higgs-Teilchen nur ein Schluckauf des Vakuums ist oder die Frage, woher die schwarzen Löcher im Kosmos kommen. Nein, hier spielt einer mit Physik, weil er Physik kann – und zwar Physik in unserem alltäglichen Leben. Keine Spezialausrüstung ist nötig, sondern nur Neugier und gesunder Menschenverstand. Das Vergnügen am Experimentieren, die überraschenden und witzigen Erklärungen, die liefert Philip. Der Mann ist echt gut. Ich wünsche euch viel Spaß mit Philips Physik für Fußgänger.

Harald Lesch

MISSION PHYSIK

Was ist eigentlich so toll an Physik? Ist das nicht einfach nur eine riesige Sammlung von Formeln, die irgendwelche graubärtigen Leute in Kellern an Tafeln schreiben und solange darüber diskutieren, bis sie entweder wahnsinnig oder Nobelpreisträger werden (oder beides)?

Für mich ist das Besondere an Physik, dass ihre Gesetze viele verschiedene Phänomene mit nur wenigen, grundlegenden Prinzipien erklären. So was wie Drehimpulserhaltung zum Beispiel. Das ist der Grund, warum sich eine Eiskunstläuferin schneller dreht, wenn sie bei einer Pirouette die Arme anzieht. Ein magisches Wort – Drehimpulserhaltung – enthält eine ganze Story. Man kann in scheinbar belanglosen Alltagssituationen die faszinierende Welt der Physik entdecken, wenn man darauf achtet. Wie viel Physik in den Dingen steckt, die wir mehr oder weniger jeden Tag benutzen, das soll dieses Buch zeigen.

Jedes Kapitel enthält ein Experiment, für das ihr meist nur wenige Alltagsgegenstände braucht. Es geht immer darum, irgendwas einigermaßen Nützliches zu bauen. Ihr werdet in diesem Buch keine langweiligen theoretischen Elektro-Schaltungen finden, sondern Bauanleitungen für ein Nachtsichtgerät, einen Beamer oder ein Handy-Mikroskop. Zu jedem Experiment gibt es eine ausführliche Erklärung – allerdings ohne Formeln oder komplizierte Diagramme, versprochen!

Ihr müsst die Experimente nicht durchführen, um zu verstehen, welche physikalischen Phänomene jeweils dahinter stecken. Umgekehrt müsst ihr aber auch nicht zwingend alle physikalisch wichtigen Begriffe verstanden haben, um das

Experiment nachzubauen. So könnt ihr das Buch nutzen, wie es euch gefällt – als Ausgangspunkt für ein spannendes Forschungs-Wochenende oder als unterhaltsame Lektüre auf dem Klo.

Auf der ersten Seite jedes Kapitels findet ihr Information dazu, wie schwierig das Experiment ist (von easy bis anspruchsvoll), wie viel Zeit ihr für das Nachbauen des Experiments einplanen müsst und welchen physikalischen Themen das Experiment zuzuordnen ist. Fachbegriffe sind bei der Erstnennung fett gedruckt. Diese Begriffe, könnt ihr am Ende des Buches unter »Phil's Lexikon« nachschlagen.

Außerdem gibt es zu diesem Buch einen YouTube-Kanal, den ihr auf **www.phils-physics.de** findet. Am Anfang von jedem Kapitel findet ihr einen QR-Code sowie einen Link, der euch zur passenden Seite führt. Dort findet ihr weitere Tipps und Materialien zum Download, sowie Videos zu den Experimenten, die einen Play-Button (▶) auf der jeweils ersten Seite enthalten. Hier könnt ihr euch anschauen, wie es aussieht, wenn ich beispielsweise ein Handy-Ladegerät aus einem Akkuschrauber baue und was dabei alles schief gehen kann. Viel wichtiger: Ihr könnt mir dort auch eure Kommentare zu den Experimenten hinterlassen! Was hat geklappt? Was nicht? Worüber wollt ihr noch mehr wissen? Ich freue mich, von euch zu hören!

Ach ja, noch was: Mein Anwalt hat gesagt, ich muss euch darauf hinweisen, dass ihr die Experimente auf eigenes Risiko macht. Wenn ihr also beim Bau eines Hovercrafts über die Teichplane stolpert, dabei den Laubbläser in Gang setzt, der wiederum abhebt, durch das Fenster knallt und draußen für einen Verkehrsunfall sorgt, dann ist das höchst bedauerlich, aber nicht meine Schuld. Das gilt natürlich auch für alle anderen

Dinge, die passieren könnten, wenn man nicht mit gesundem Menschenverstand handelt.

Und wie bekommt man den gesunden Menschenverstand, wenn man ihn nicht hat? Durch Ausprobieren! Profis nennen das »Experiment«. Wenn also etwas nicht funktioniert, gebt nicht auf – findet heraus, woran es liegt. Fragt Freunde oder andere Follower von Phil's Physics auf YouTube. Bei einem Experiment, das erst schief geht und dann durch systematisches Verbessern klappt, lernt ihr am meisten. Aber auch, wenn ihr die Experimente nur im Geiste durchgeht, werden euch vielleicht auch schon die wesentlichen Zusammenhänge klar. Für alle Fälle gibt's am Ende dieses Buches noch »Phil's Physics Lexikon«. Zu jedem fett gedruckten Wort findet ihr dort eine Erklärung.

Jetzt aber genug der Vorrede – danke, dass ihr an Bord seid bei der Mission Physik, viel Spaß und lasst von euch hören!

Euer Philip

MOBILES HANDY-LADEGERÄT SELBSTGEMACHT: MIT EINEM AKKUSCHRAUBER OHNE AKKU!

anspruchsvoll

30 Minuten

Elektrodynamik,
Induktion,
Energieumwandlung

http://phils-physics.de/ladegeraet

mit Video

Ein typisches Problem unserer Zeit: Handyakku leer! Wie oft ist es mir schon so gegangen, dass ich abends auf dem Weg nach Hause noch schnell eine E-Mail beantworten wollte – und dann, kurz bevor man auf »senden« drückt, geht der Saft aus. Okay, das ist ein Luxusproblem, ich gebe es ja zu. Aber stellt euch vor, ihr seid auf einer Expedition in der Wildnis und es gibt wirklich keine Steckdose! Für solche Fälle braucht man ein spezielles Ladegerät, das ohne Steckdose oder Akku funktioniert. Wir bauen es aus einem Akkuschrauber (natürlich ohne dessen Akku).

MATERIAL-LISTE

- Akkuschrauber (sollte noch funktionieren)
- Altes (aber noch funktionsfähiges) Handy mit passendem Ladekabel (Achtung: Das Kabel wird zerschnitten!), 20 €
- Rührbesen von einem Rührgerät, 4 €
- Großer Holzlöffel, z.B. vom Salatbesteck, 3 €
- Rolle Paketschnur, 2 €
- Alufolie
- Tesafilm
- Ein massives Stück Holz, ca. 10 cm × 3 cm × 30 cm, 2 €
- Schere
- Falls verfügbar: Schraubzwingen

Wir wandeln bei diesem Experiment **Bewegungsenergie** (durch Drehen am Motor des Akkuschraubers) in **elektrische Energie** um – ein bisschen wie bei einem Fahrraddynamo. Theoretisch kann man das mit jedem Akkuschrauber oder Handy machen. Da ich aber natürlich nicht genau weiß, welche Geräte ihr habt, würde ich empfehlen, nicht gerade das nagelneue 800-€-Smartphone mit dieser Methode aufzuladen, sondern es lieber erst mal mit einem alten Handy zu versuchen.

SO WIRD'S GEMACHT

Manche Akkuschrauber haben eine Sperre, die dafür sorgt, dass sich der Motor nicht drehen lässt, wenn der Akku nicht eingesetzt ist. Achtet bei der Beschaffung des Schraubers darauf, dass das möglich ist.

Schnappt euch das Ladekabel und schneidet mit der Schere das Ende ab, das nicht ans Handy gestöpselt wird. Benutzt die Klingen der Schere, um den Gummi-Mantel des Kabels ein Stück abzuziehen, damit ihr an die Drähte im Inneren heran kommt. Dort sollten mehrere kleinere Kabel (auch Adern genannt) zum Vorschein kommen. Wir brauchen das schwarze und das rote. Die anderen Adern könnt ihr abschneiden. Entfernt von der roten und der schwarzen Ader auch ein Stück Mantel. Dann liegen kleine Kupferdrähte frei und ihr zwirbelt diese frei liegenden Enden aus jedem Kabel zusammen.

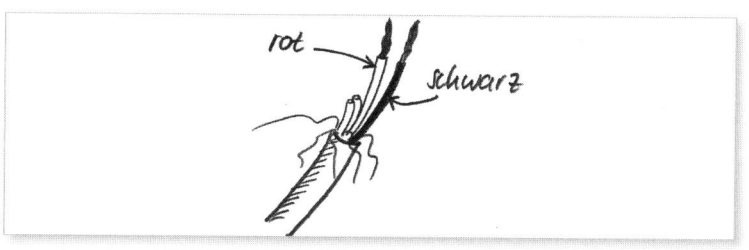

Jetzt kommt der Akkuschrauber dran. Entfernt den Akku. An der Verbindungsstelle seht ihr zwei Kontakte, über die normalerweise der Strom vom Akku in den Elektromotor gelangt. Diese Kontakte brauchen wir später noch. Schaut euch jetzt schon mal an, welcher der beiden Kontakte der Plus-Pol und welcher der Minus-Pol ist, also wo die Symbole »+« und »-« auftauchen.

Damit der **elektrische Kreis** geschlossen und der Motor mit den Kontakten verbunden bleibt, wickeln wir Paketschnur um den Auslöser des Akkuschraubers, sodass dieser dauerhaft gedrückt wird. Benutzt die Schnur großzügig, damit später nichts verrutscht.

Als nächstes befestigen wir den Akkuschrauber auf dem Holzklotz. Wenn ihr später daran kurbelt, ist es wichtig, dass ihr unser Konstrukt fest im Griff habt. Legt also den Schrauber auf das Holzstück und wickelt ihn mit so viel Paketschnur fest, bis er nicht mehr wackelt.

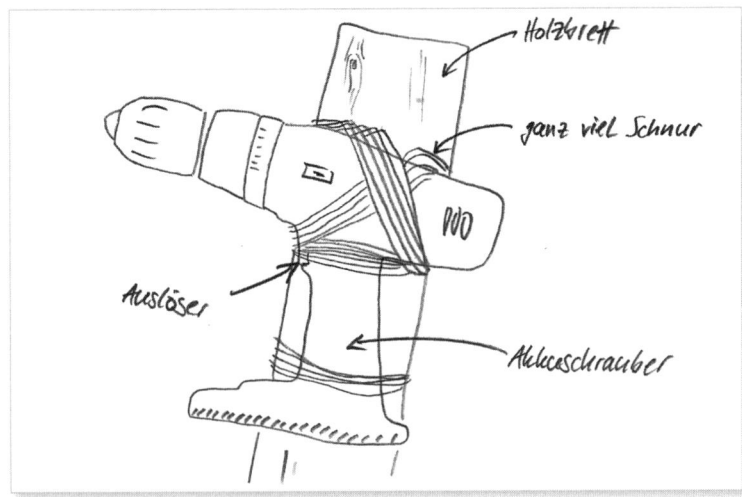

Natürlich brauchen wir noch eine Kurbel, um unseren überdimensionierten Dynamo in Bewegung zu versetzen. Hier kommt der Rührbesen ins Spiel. Montiert ihn wie einen normalen Schraub-Aufsatz in das Futter der Bohrmaschine. Wenn ihr jetzt den Rührbesen dreht, sollte nichts wackeln. Stellt den Akkuschrauber auf den höchsten Gang bzw. »Schlagbohren«, dann ist das **Drehmoment** maximal. Legt dann den Rückwärtsgang ein. Schiebt jetzt den Holzlöffel durch die Windungen des Rührbesens und befestigt ihn gut mit Tesafilm (nicht sparen).

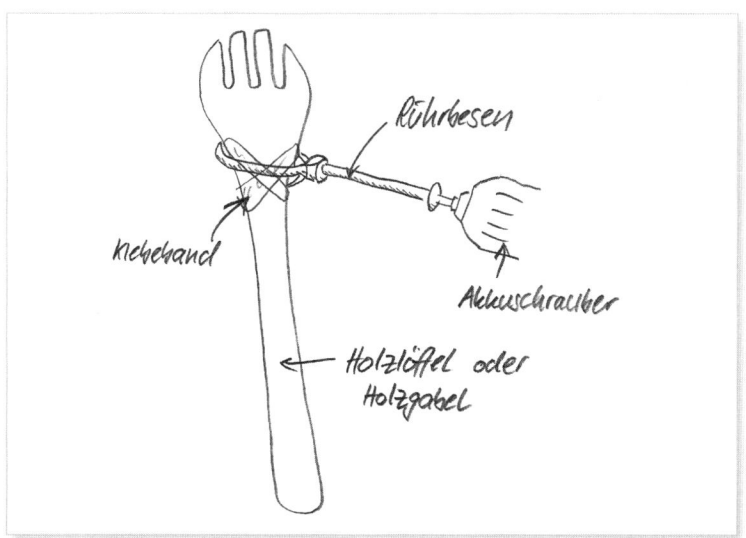

Aus der Alufolie bauen wir uns jetzt eine elektrische Verbindung. Schneidet die Folie in zwei Stücke mit den Maßen 5 cm x 30 cm. Faltet die Streifen längs, so dass sie noch schmaler werden. Zwirbelt das eine Ende jeweils zu einer Spitze und klappt das andere Ende einmal um, damit es dicker wird.

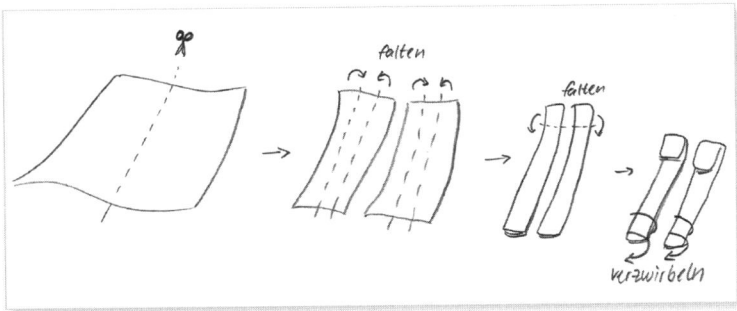

Befestigt das dicke Ende der Streifen jeweils an einem der Kontakte an der Unterseite des Bohrers. Biegt das Aluminium so, dass es fest sitzt. Achtet darauf, dass sich die beiden Alu-Streifen nicht berühren und ihr einen Kurzschluss erzeugt. Nutzt im Zweifel etwas Tesa, um die Alu-Leiter so zu befestigen, dass sie fest sitzen und sich nicht berühren. Zum Schluss bindet ihr die Leiter auf dem Holzklotz fest.

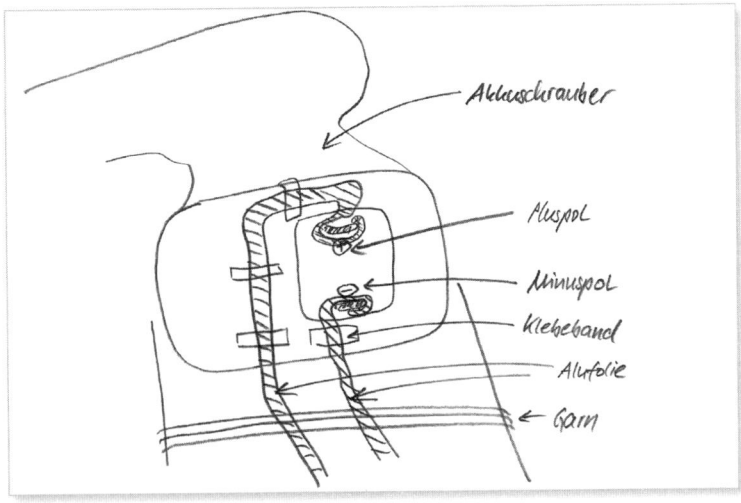

Die Alu-Leiter verbinden wir jetzt mit den Drähten des Ladekabels. Das schwarze Kabel befestigt ihr an dem Alu-Leiter, der mit dem Minus-Pol am Akkuschrauber verbunden ist. Das rote kommt entsprechend an den Plus-Pol.

Checkt zum Schluss nochmal, dass alles gut befestigt ist, nichts wackelt und auch, dass die Alu-Leiter kein Spiel haben. Dann kann es losgehen! Legt den Holzklotz so auf einen Tisch, dass ihr den Holzlöffel mit einer Hand gut drehen könnt, während ihr die Konstruktion auf dem Tisch mit der anderen Hand gut festhaltet. Jetzt müsst ihr nur noch das Handy einstöpseln und kurbeln! Falls ihr eine Schraubzwinge habt, befestigt den Holzklotz damit sicher am Tisch. Wenn wider Erwarten kein Strom am Handy ankommt, könnt ihr auch versuchen, die Adern aus dem Ladekabel direkt mit den Akkuschrauber-Kontakten zu verbinden.

ES FUNKTIONIERT! ABER WIE LANGE MUSS ICH JETZT KURBELN?

Die meisten Handys werden mit einer Spannung von 5 Volt geladen. Diese Spannung müsst ihr aufrechterhalten, bis das Handy geladen ist. Je langsamer ihr kurbelt, desto geringer ist die Spannung. Ob ihr schnell genug kurbelt, erkennt ihr daran, dass das Lade-Symbol bei eurem Handy aufleuchtet. Die Elektronik im Handy verhindert normalerweise, dass eine höhere Spannung an den Handy-Akku weiter geleitet wird. Es bringt also nichts, wie wild zu kurbeln – der Ladevorgang wird ähnlich lange dauern, wie wenn ihr das Handy über eine Steckdose ladet. Je nach Modell kann man aber schon nach ein paar Minuten Kurbeln das Gerät wieder benutzen. Für einen Notruf auf der Expedition in der Wildnis sollte das hoffentlich reichen ... vorausgesetzt, ihr habt Empfang.

SO FUNKTIONIERT ES

Vielleicht fragt ihr euch, wie wir es jetzt geschafft haben, aus einem Akkuschrauber ohne Akku und einer improvisierten Kurbel Strom zu gewinnen. Ganz einfach: Wir haben unsere Muskelkraft benutzt und Bewegungsenergie in elektrische Energie umgewandelt. Der Akkuschrauber hat einen mächtigen Elektromotor eingebaut. Wenn der Akku dran steckt, wandelt der Motor elektrische Energie (aus dem Akku) in Bewegungs-energie (zum Schrauben) um. Das Ganze funktioniert aber auch rückwärts, wie bei einem Fahrrad-Dynamo. Da wird Bewe-gungsenergie in elektrische Energie umgewandelt. Wir haben also den Akkuschrauber an das Handy angeschlossen, dann am Motor des Akkuschraubers gedreht und so Strom erzeugt, der das Handy auflädt.

ELEKTROMOTOR SELBSTGEBAUT

mittelschwer

20 Minuten

Elektrodynamik, Induktion,
Lorentzkraft, Spule

http://phils-physics.de/elektromotor

Magneten können ganz schön stark sein. Auf einem Schrottplatz beispielsweise gibt es sogar Kräne mit Magneten, die ein ganzes Auto durch die Luft hieven können. Magneten ziehen aber nicht nur Metall an. Sie können auch Strom ablenken! Klingt unglaublich, ist aber das grundlegende Prinzip eines jeden Elektromotors. Und weil das so einfach ist, bauen wir jetzt selbst einen Elektromotor – aus einem Magneten, einer Batterie und ein bisschen Draht.

MATERIAL-LISTE

- 1 frische Batterie (AA), 1 €
- Kupferlackdraht (ca. 120 cm Länge, ca. 2-3 mm stark), 4 €
- Unbeschichteter Kupferdraht (ca. 10 cm), 2 €
- 1 starker Neodym-Scheibenmagnet (Durchmesser ca. 2 cm), 2 €
- Rund-, Spitz- oder Flachzange (zum Biegen des Drahtes)
- Klebeband

SO WIRD'S GEMACHT

Als erstes bauen wir uns eine sogenannte Spule. Das ist ein Draht, der ganz oft im Kreis gewickelt wird. Wenn später Strom durch diese Spule fließt, geht er erst ganz oft im Kreis herum, bevor er die Spule wieder verlässt. Das wird noch nützlich sein.

Messt an einem Ende des Kupferlackdrahtes etwa 5 cm ab. Ab da wickelt ihr den Draht mindestens zehnmal um die Batterie, so dass eine saubere Spule entsteht. Je enger die Windungen, desto besser. Der Draht soll keine Spirale ergeben. Wickelt deshalb lieber den Draht übereinander statt nebeneinander.

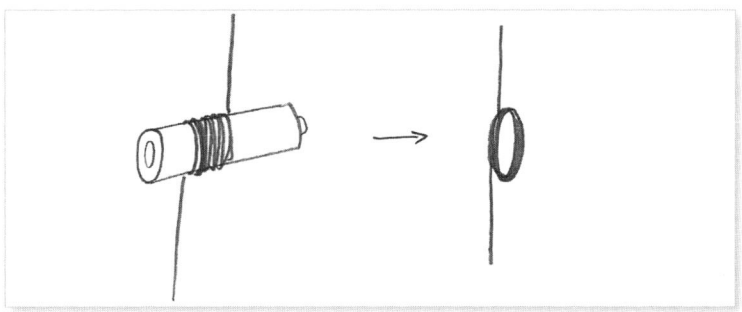

Schneidet das andere Ende des Drahtes so ab, dass links und rechts von den kreisförmigen Windungen gleich viel übersteht. Benutzt eine Zange (oder starke Finger) um die beiden Enden um die Windungen herum fest zu knoten. Durch die Lackierung des Kupferlackdrahtes fließt der Strom später auch wirklich durch alle Windungen und nimmt keine »Abkürzung«, auch wenn die Windungen eng aneinander liegen.

Da der Draht eine isolierende Beschichtung hat, wir aber einen **Stromkreis** herstellen wollen, müssen wir die Beschichtung jetzt an den geraden Endstücken entfernen. Das bekommt ihr beispielsweise hin, indem ihr die Enden ein paarmal durch die Zangenspitzen schleift. Zum Schluss zieht ihr die Enden noch gerade, so dass die Spule ganz symmetrisch ist.

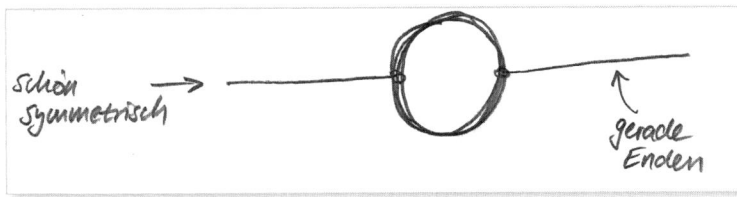

Als nächstes bauen wir aus dem unbeschichteten Draht zwei Halterungen. Dazu schneiden wir jeweils ein 5 cm langes Stück Draht ab. Mit der Zange formt ihr an jeweils einem Ende der beiden Drahtstücke eine Öse. Sie sollte so klein sein, dass der Draht an den Seiten der Spule gerade so durchpasst und die Drahtstücke guten Kontakt miteinander haben.

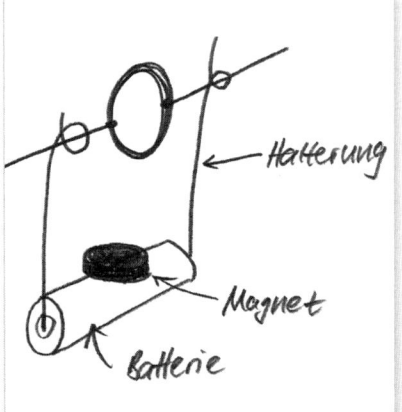

Jetzt könnt ihr mit dem Klebeband die beiden Halterungen an den beiden Enden der Batterie befestigen. Steckt vorher die Spule durch die Ösen. Damit haben wir einen geschlossenen Stromkreis aus der Drahtspule, den Halterungen und der Batterie. Strom fließt dann von einem Ende der Batterie in die Stütze, durch die Spule und über die andere Stütze wieder in die Batterie. Passt auf, wenn ihr den Motor zusammen baut. Hier fließt jetzt Strom! Die **Stromstärke** ist zwar nicht gefährlich, aber der Draht kann ganz schön heiß werden, wenn sich der Motor nicht dreht, der Stromkreis aber schon geschlossen ist.

Damit der Motor läuft, fehlt nur noch der Magnet. Befestigt ihn direkt unterhalb der Spule auf der Batterie oder haltet ihn seitlich unterhalb der Spule. Wenn ihr jetzt die Spule antippt, fängt sie an, sich um die eigene Achse zu drehen.

SO FUNKTIONIERT ES

Der Effekt, den ihr hier sehen könnt, heißt **Induktion**. Ein sperriges Wort für ein cooles Phänomen. Durch den Draht fließt Strom aus der Batterie von einem Ende zum anderen. Weil die Stellen zwischen den verschiedenen Drahtstücken alle leitend sind, fließt der Strom also einmal hoch, das gerade Stück entlang, ein paarmal im Kreis, geradeaus weiter und wieder runter.

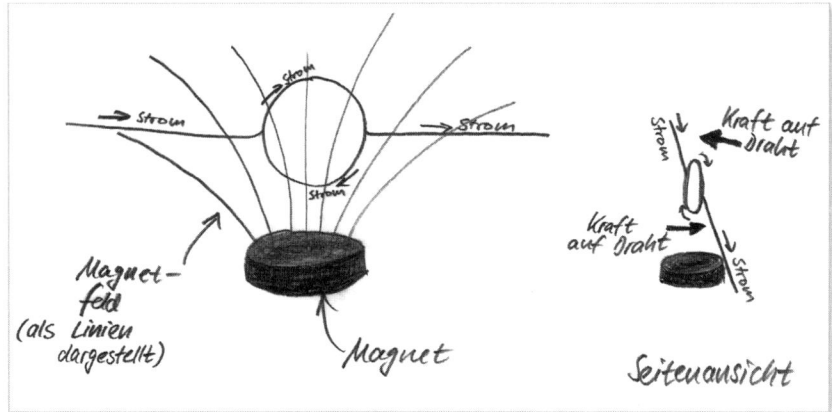

Strom kann man sich vorstellen als eine Polonaise von **Elektronen**. Sie wandern alle hintereinander und nebeneinander den Leiter entlang. Ist ein Magnet in der Nähe, übt er eine magische Wirkung auf die Elektronen aus: Er bildet ein Feld (das **Magnetfeld**), durch das die Elektronen abgelenkt werden. Schuld daran ist die *Lorentzkraft*. Sie tritt immer dann auf, wenn sich geladene Teilchen, beispielsweise wie in unserem Fall Elektronen, in einem Magnetfeld bewegen. Die Kraft wirkt dann senkrecht zur Bewegungsrichtung der Teilchen. In unserer Drahtspule bedeutet das: Weil der Magnet ein Magnetfeld erzeugt und Elektronen aufgrund der angeschlossenen Batterie durch den Draht wandern, wollen die Elektronen senkrecht zur Bewegungsrichtung ausweichen. Das geht nur, wenn sich der Draht anfängt zu drehen. Und fertig ist unser Elektromotor!

Jetzt versteht ihr auch, warum die Spule so clever ist: Weil hier der Strom ganz oft direkt über dem Magneten im Kreis läuft, summiert sich die Lorentzkraft und die Drehbewegung wird stärker. Am oberen Teil der Spule wirkt die Kraft in die andere Richtung als am unteren Teil der Spule. So wird die Rotation immer weiter angetrieben.

AUF DEM WEG ZUM ELEKTROMOTOR

Was ihr hier gebaut habt, ist ein vollwertiger Elektromotor. Die Motoren in Spielzeugautos beispielsweise funktionieren nach dem gleichen Prinzip. Eine Steuerung regelt, wie stark der Strom durch die Spule fließt. Je stärker der Strom, desto schneller die Drehung. Wenn euer gebauter Elektromotor nur schleppend läuft, kann es also sein, dass die Batterie schon alle ist. Möglicherweise ist aber auch der Magnet zu schwach. Ein weiterer Knackpunkt ist die Lagerung der Spule. Wenn sich diese nur schwer drehen lässt, reicht die Lorentzkraft nicht aus, um das Ding in Gang zu setzen. Dann solltet ihr die Ösen ein bisschen vergrößern und sicher stellen, dass sich die Spule locker dreht, wenn ihr sie anschubst.

DAS GANZE GEHT AUCH RÜCKWÄRTS!

Wir haben jetzt gesehen, dass Elektronen, die sich durch ein Magnetfeld bewegen, abgelenkt werden. Die so entstehende Kraft reicht aus, um einen ganzen Draht in Bewegung zu setzen. Hier war der Antrieb der Elektronen ja die Batterie. Sie hat die Elektronen in Bewegung versetzt, denn Elektronen wollen immer von »minus« nach »plus« wandern. Die elektrische Energie wird also mithilfe eines Magnetfelds zum Teil in Bewegungsenergie umgewandelt.

Den ganzen Spaß kann man aber auch umkehren und Bewegungsenergie in elektrische Energie verwandeln! Wie das geht? Nach genau demselben Prinzip. Denkt euch mal die Batterie weg. Stellt euch vor, ihr dreht von Hand die Spule über dem Magneten. Was passiert? Na klar, die Elektronen im Draht sind durch die Rotation in Bewegung. Und wenn sich Elektronen in einem Magnetfeld bewegen, wirkt die Lorentzkraft auf sie – sie werden abgelenkt! Diesmal in Richtung Drahtende. Am einen Ende des Drahts sammeln sich dann ganz viele Elektronen. Es entsteht eine **elektrische Spannung** zwischen den beiden Enden des Drahts.

Genau das passiert in einem Dynamo an eurem Fahrrad! Darin stecken auch ein Magnet und eine Spule. Die Bewegungsenergie aus dem Rad, die den Dynamo-Kopf dreht, bewegt den Magnet an der Spule vorbei. In der Spule entsteht eine Spannung und diese bringt die Fahrradlampe zum Leuchten.

ELEKTRISCHE LADUNG SICHTBAR MACHEN – MIT DEM ELEKTROSKOP

easy

10 Minuten

Elektrostatik, Ladung, Ladungstrennung durch Reibung

http://phils-physics.de/elektroskop

Hat euch schon mal jemand gesagt: »Elektrische Ladungen kann man nicht sehen«? Unsinn. Schwedische Physiker haben Elektronen (negativ geladene Teilchen) mit aufwändigster Technik gefilmt. Mit deutlich weniger Aufwand könnt ihr ebenfalls geladene Teilchen sichtbar machen – zumindest indirekt. Mit einem Elektroskop. Ein Gerät, das elektrische Ladungen und Spannungen nachweisen kann.

Warum holt man sich manchmal einen Schlag, wenn man eine Türklinke anfasst? Die Physiker-Antwort: Ihr habt durch das Schlurfen auf dem Boden mit euren Schuhen **Ladungstrennung** vollzogen, euch elektrostatisch aufgeladen und der Blitz an der Türklinke ist der Ladungsausgleich. Genau dieses Prinzip machen wir uns für unser Elektroskop zunutze.

MATERIAL-LISTE

- ✅ Sauberes, großes Glas (z.B. Joghurtglas)
- ✅ Alufolie
- ✅ Draht oder eine große Büroklammer (am besten ohne Beschichtung)
- ✅ Pappe (ca. 2–5 mm dick, etwa 15x15 cm groß)
- ✅ Schere, Klebeband, Stift, Geodreieck
- ✅ Luftballon

SO WIRD'S GEMACHT

Schneidet ein großes quadratisches Stück Alufolie ab und formt eine Kugel daraus. Drückt ruhig etwas fester, sodass die Oberfläche möglichst glatt wird.

Als nächstes nehmen wir uns die Büroklammer vor. Falls sie beschichtet sein sollte, entfernt das Plastik mit der Schere. Oder ihr nehmt normalen Draht, dann braucht ihr etwa 10 cm. Biegt die Büroklammer auseinander oder vom Draht ein Ende um – es soll aussehen wie ein Spazierstock.

möglichst glatt und rund

wie ein Spazierstock

Aus der Pappe basteln wir einen Deckel für das Glas. Falls das Glas zufällig einen Plastikdeckel hat, könnt ihr auch den nehmen. Andernfalls legt ihr einfach das Glas mit der Öffnung auf die Pappe und fahrt den Umriss mit einem Stift nach. Schneidet den Pappdeckel großzügig entlang dieser Linie aus. Der Deckel darf ruhig etwas größer sein als die Öffnung, damit er nicht ins Glas fällt.

Stecht in die Mitte des Deckels ein kleines Loch, durch den der Draht gerade so durch passt. Um die Mitte zu finden, könnt ihr einen kleinen Trick benutzen.

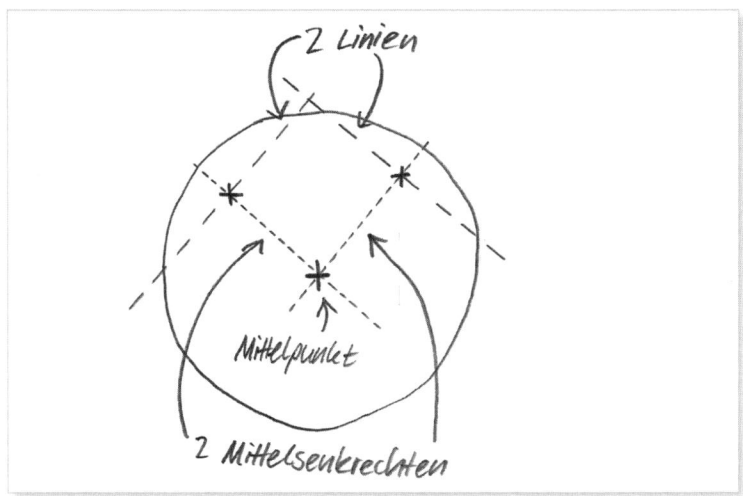

Zeichnet zwei Linien an den Rand des runden Deckels. Die genaue Position ist egal, aber die beiden Linien sollten etwa rechtwinklig zueinander liegen. Benutzt dann das Geodreieck, um jeweils den Mittelpunkt der beiden Linien zu finden. Zeichnet euch eine kleine Markierung ein. Dann zeichnet ihr jeweils eine weitere Linie durch diesen Mittelpunkt, die senkrecht zur ursprünglichen Linie ist (die nennt man dann Mittelsenkrechte). Dort wo sich die beiden neuen Linien jetzt schneiden, ist der Mittelpunkt des Kreises.

Nach diesem kleinen Ausflug in die Geometrie geht es weiter mit unserem Elektroskop. Zeichnet zwei Flügel auf die Alufolie, wie in der Abbildung. Die Flügel sollten so groß sein, dass sie gut in das Glas passen.

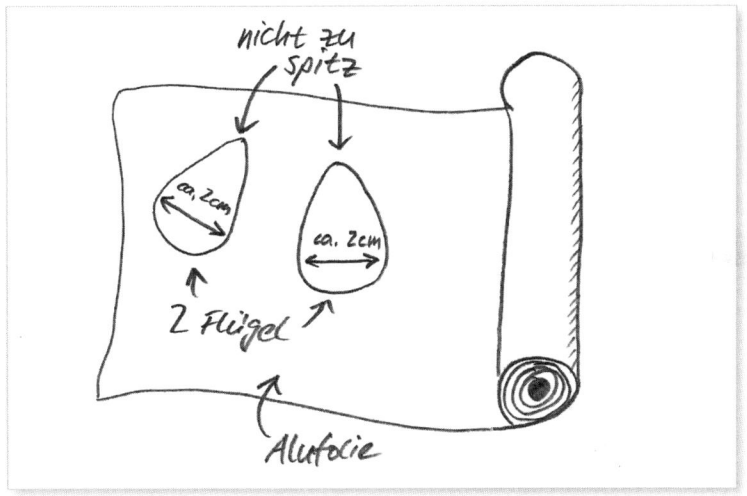

Achtet darauf, dass die Spitze der Flügel nicht zu schmal wird. Denn dort stechen wir jetzt das gebogene Ende des Drahtes durch. Die beiden Flügel sollten leicht beweglich nebeneinander hängen. Sie müssen richtig platt sein – wenn die Alufolie viele Falten hat, ist der Effekt nicht so stark.

Jetzt kommt das gerade Ende durch das Loch im Deckel. Ihr könnt den Draht mit Klebeband befestigen, wenn ihr ausgemessen habt, wie weit er oben herausragen muss. Legt dazu testweise den Deckel auf das Glas und zieht den Draht oben so weit heraus, dass die Flügel etwa auf halber Höhe frei im Glas schwingen können.

Wenn der Draht fixiert ist, nehmt ihn noch einmal in die Hand und steckt die Aluminium-Kugel oben drauf. Legt den Deckel auf das Glas und befestigt ihn zum Schluss mit Klebeband am Glas.

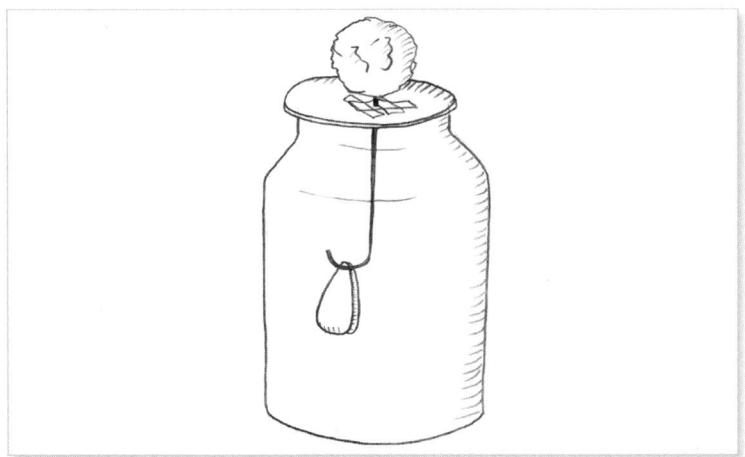

Überprüft zum Schluss, dass die Kugel gut sitzt und dass die Flügel frei schwingen können und nicht verklemmt sind.

DAS ERSTE EXPERIMENT

Wenn euer Elektroskop fertig ist, solltet ihr es unbedingt gleich ausprobieren! Ein Elektroskop misst elektrische Ladung. Woher bekommt man elektrische Ladung? Ganz einfach: Sie ist überall. Besorgt euch ein Stück Plastik (CD-Hülle, Gummi-Schuhsohle, Plastiklöffel, ...) und reibt es über einen Wollteppich oder etwas anderes aus möglichst zotteligem Stoff. Besonders gut funktioniert es mit einem aufgeblasenen Luftballon. Reibt damit an euren Haaren (sorry, Gel-Igelfrisur-Fans – ihr müsst vorher die Haare waschen und trocknen). Ihr könnt stattdessen auch den Luftballon an einem Teppich(boden) reiben. Berührt danach die Alu-Kugel mit dem Plastik und beobachtet die beiden Flügel. Wenn alles funktioniert, werdet ihr sehen: Die Flügel schwingen auseinander! Allein durch die Kraft der Ladung.

SO FUNKTIONIERT ES

Wenn ihr zwei verschiedene Stoffe aneinander reibt, passiert etwas, das Physiker Ladungstrennung nennen. Die negativen und positiven **Ladungsträger** trennen sich, dadurch lädt sich der eine Stoff positiv, der andere negativ auf. Wenn ihr dann mit einem der beiden die Alu-Kugel berührt, wird die Kugel entsprechend negativ oder positiv geladen. Da die Kugel über den Draht auch mit den beiden Flügeln im Glas verbunden ist, sind diese ebenfalls positiv oder negativ geladen. Und jetzt kommt ein weiteres physikalisches Prinzip zum Tragen, das ihr vielleicht schon mal gehört habt: Gleichnamige Ladungen stoßen sich ab. Auf den beiden Flügeln ist ja entweder ein Überschuss von Elektronen (wenn sie negativ geladen sind) oder ein Mangel an Elektronen (wenn sie positiv geladen sind). Da das bei beiden Flügeln der Fall ist, sind sie nicht mehr elektrisch neutral und die Ladungen, die auf den Flügeln sitzen, stoßen sich ab.

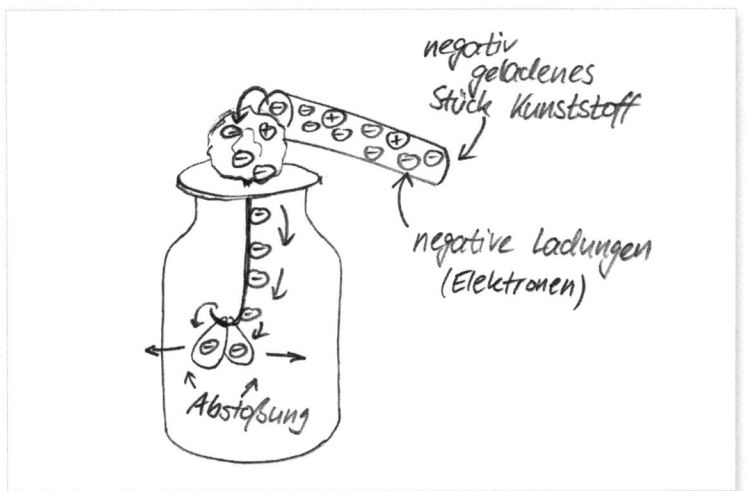

negativ geladenes Stück Kunststoff

negative Ladungen (Elektronen)

Abstoßung

Wenn ihr jetzt mit eurer Hand oder einem großen metallischen Gegenstand wieder die Kugel berührt, können sich die Ladungen ausgleichen und die Flügel schwingen zurück.

WAS KANN ALLES SCHIEF GEHEN?

Wenn sich in eurem Elektroskop nix tut, kann das zum Beispiel daran liegen, dass die Flügel zu schwergängig aufgehängt sind. Sie sollten baumeln, wenn ihr das Glas leicht kippt. Falls das nicht der Fall ist, vergrößert das Loch an den Flügeln ein bisschen.

Die Hauptaufgabe eines Elektroskops ist es ja, elektrische Ladungen anzuzeigen. Wenn ihr keine elektrischen Ladungen auf die Kugel bringt, kann logischerweise auch nichts angezeigt werden. Versucht also, die Ladungstrennung mit verschiedenen Stoffen zu erreichen: Probiert ein anderes Plastik (ein Plastikstab wäre ideal) und andere Wollstoffe. Im schlimmsten Fall müsst ihr mit Plastik-Schlappern über den Teppich schlurfen. Ein kleiner Test, ob es funktioniert: Haltet das Plastik-Objekt (Schuh, CD-Hülle, Stab) an eine Türklinke. Wenn es einen kleinen Funken gibt, funktioniert diese Methode. Leider müsst ihr dann aber nochmal ran, denn der Funke war der Ladungsausgleich – danach müsst ihr erneut für Ladungstrennung sorgen.

FEUER MACHEN FÜR PHYSIKER

easy

10 Minuten

Stromkreislauf,
elektrischer Widerstand,
Stromstärke

http://phils-physics.de/feuer

mit Video

Stellt euch vor, ihr seid auf einer Camping-Tour. Langsam wird es dunkel und bevor die Nacht hereinbricht, wollt ihr dringend – wie so üblich beim Camping – eine Dose Ravioli aufwärmen. Doch verdammt: Die Streichhölzer im Rucksack sind nass geworden! Woher bekommt ihr jetzt in der weiten Wildnis Feuer?

Zum Glück seid ihr erfinderisch (und Besitzer dieses Buches)! Denn alles, was ein Physiker braucht, um Feuer zu machen, ist die Batterie aus der Taschenlampe und das Papier von einem Kaugummi!

MATERIAL-LISTE

- ✔ ein paar frische Batterien (AA), 1 €
- ✔ 1 Kaugummi-Papier mit metallischer Beschichtung
- ✔ Schere

SO WIRD'S GEMACHT

Dieses Experiment führt ihr am besten draußen oder auf einer feuerfesten Unterlage durch. Schneidet mit der Schere vom Kaugummipapier einen langen dünnen Streifen ab. Er sollte etwa 5 mm breit sein.

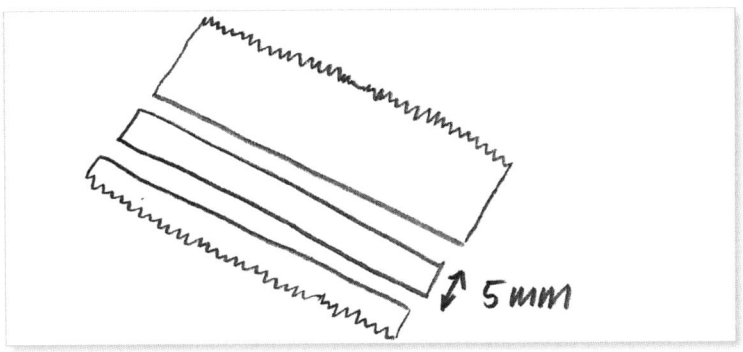

Faltet den Streifen in der Mitte und schneidet das gefaltete Ende schräg ein, ohne aber den Streifen zu durchtrennen. Wenn ihr den Streifen aufklappt, sollte die Stelle in der Mitte recht schmal sein. Experimentiert mit verschiedenen Größen der »Engstelle«: Schneidet den zusammen geklappten Streifen mal etwas mehr oder weniger spitz zu und probiert aus, welche »Schmalheit« am besten klappt.

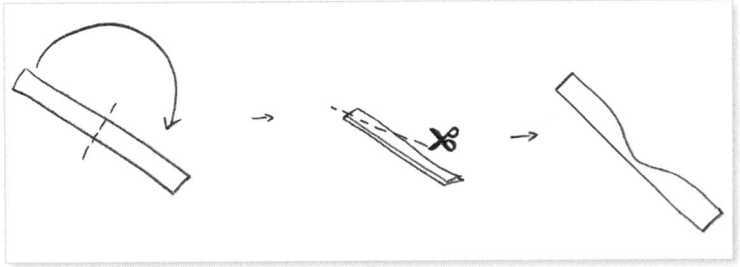

Diesen Streifen verbindet ihr jetzt mit den beiden Enden der Batterie. Achtet darauf, dass die metallische Seite an den Kontakten anliegt. Nach ein paar Sekunden fängt das Papier in der Mitte Feuer. Nicht lange – aber lang genug, um damit ein kleines Stück Holz, eine Kerze oder einen Gaskocher zu entzünden.

Wenn ihr das Experiment ein paarmal versucht habt, wird die Spannung in der Batterie schon deutlich abgefallen sein. Es kann sein, dass ihr dann eine neue Batterie für diesen Versuch braucht.

SO FUNKTIONIERT ES

Sobald ihr den metallischen Streifen an die Batterie haltet, beginnt ein **elektrischer Strom** zu fließen. Denn Metall leitet elektrischen Strom. Das bedeutet, Elektronen wandern vom einen Ende der Batterie zum anderen. Die Spannung der Batterie treibt sie dazu an. Aber auf dem Weg durch den Metallstreifen haben die Elektronen es mit allerlei Hindernissen zu tun. Sie treffen auf Teilchen im Metall und versetzen diese wiederum in Bewegung. Dadurch wärmt sich das Metall auf.

Metall-Atomkern
positiv geladen
unbeweglich

Elektron
negativ geladen
kann sich bewegen

Bei den meisten Stromleitern, wie zum Beispiel Kabeln, ist das Metall so dick, dass der Elektronenstrom keine dramatische Hitze erzeugt. In unserem Fall ist das Metall auf dem Kaugummipapier aber hauchdünn. Das bedeutet, dass der **Widerstand** für den Strom sehr groß ist – er muss sich richtig durchkämpfen. So, als ob ein Wasserstrom durch eine enge Stelle in einem Fluss fließt. Dort ist auch der Widerstand größer.

Wir haben sogar extra noch einen Engpass eingebaut, nämlich die Stelle in der Mitte. Hier knallen also jede Menge Teilchen aufeinander und erzeugen so Hitze. Da die Stelle in der Mitte so eng ist, kommt genug Luft aus der Umgebung an das heiße Metall, sodass spontan eine Flamme entsteht. Das Papier fängt Feuer und fertig ist der Anzünder.

WIE GEFÄHRLICH IST STROM AUS DER BATTERIE?

Dieses Experiment ist natürlich nicht ganz ungefährlich. Zum einen, weil Feuer entsteht und zum anderen, weil wir es hier mit elektrischem Strom zu tun haben. Wenn man eine handelsübliche Batterie anfasst, zum Beispiel aus einer Taschenlampe oder Fernbedienung, besteht eigentlich keine Gefahr. Denn die Spannung ist hier zu gering, um eine riskante Stromstärke zu erzeugen. Moment mal … Spannung? Stromstärke? Was ist das eigentlich?

Ganz einfach kann man »Strom« verstehen, wenn man sich das Ganze wie in einem großen Schwimmbad vorstellt. Okay – ein Physik-taugliches Schwimmbad.

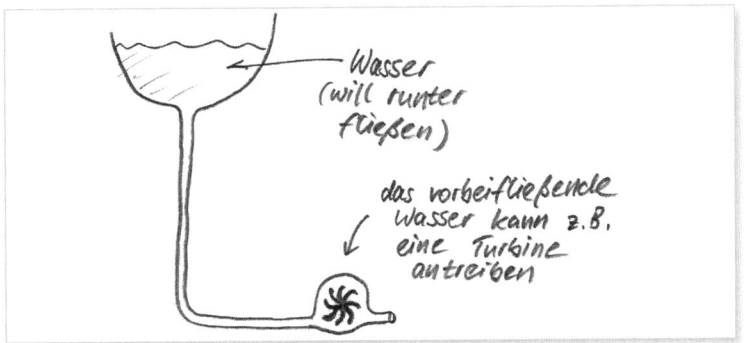

Wasser
(will runter
fließen)

das vorbeifließende
Wasser kann z.B.
eine Turbine
antreiben

Stellt euch einen Wasserbehälter vor, an dessen Unterseite ein Rohr zum Boden führt. Das, was gleich fließen soll, sind Wassermoleküle. Bei einer Batterie sollen Ladungsträger fließen, die Elektronen.

Je mehr Wasser im Behälter ist und je höher dieser hängt, desto gewaltiger will das Wasser unten herausprudeln. Diese »Gewalt« entspricht der Spannung in einem Stromkreislauf. Die Spannung treibt einen Strom an.

Wenn man jetzt den Hahn aufdreht und das Wasser fließen lässt, dann strömt in einer Sekunde eine gewisse Menge Wasser heraus. Der Wasserstrom hat also eine bestimmte Stärke. Übertragen auf den Stromkreislauf bedeutet Stromstärke, wie viele Ladungsträger in einem Zeitabschnitt an einer Stelle des Kabels vorbeifließen.

Die Stromstärke hängt also von der Spannung ab. Aber nicht nur das. Wenn das Rohr groß und breit ist, kann viel mehr fließen, als wenn Hindernisse im Weg sind oder das Rohr eng ist. Auch beim Stromkreislauf gibt es solche Hindernisse, so wie beispielsweise die dünne Stelle in unserem Kaugummipapier-Streifen. Solche Hindernisse nennt man Widerstand.

Was einem Menschen gefährlich wird, ist eine hohe Stromstärke. Eine hohe Spannung allein ist noch nicht automatisch schlimm. Natürlich erzeugt eine hohe Spannung auch eher eine hohe Stromstärke, aber wichtig sind auch andere Dinge, zum Beispiel wie gut ein Mensch (zusammen mit seiner Kleidung oder seinen Schuhen) den Strom leitet. Die Batterie hat eine relativ niedrige Spannung. Und unsere Haut ist kein besonders toller Stromleiter. Das bedeutet, der Widerstand der Haut ist groß. Wenn wir eine Batterie anfassen, ist die Stromstärke durch die Hand so gering, dass uns nichts passieren kann.

WIE DU MIT DEINEM SMARTPHONE UNSICHTBARES SICHTBAR MACHEN KANNST – DAS HANDY-MIKROSKOP

mittelschwer

30 Minuten

Optik, Linsen

http://phils-physics.de/mikroskop

mit Video

Es gibt für jeden Mist eine App. Eine App für Musik, eine App für Fotos, eine App für die Steuererklärung oder eine Furzkissen-App. In diesem Kapitel zeige ich euch, wie ihr aus eurem Smartphone eine wirklich magische Funktion herausholen könnt – indem ihr es in ein Mikroskop verwandelt, das euch Einblicke in eine sonst verborgene Welt ermöglicht.

MATERIAL-LISTE

- ✅ Holzplatte 15 cm x 15 cm, 2 €
- ✅ Plexiglas-Scheibe 15 cm x 15 cm, 2 €
- ✅ Plexiglas-Scheibe 4 cm x 15 cm, 2 € (die Holz- und Plexiglas-Scheiben könnt ihr im Baumarkt zuschneiden lassen – behaltet am besten noch die Folie drauf bis zum Schluss)
- ✅ 3 Gewindeschrauben (M8, 12 cm lang), 1 €
- ✅ 9 zu den Schrauben passende Muttern, 1 €
- ✅ 2 zu den Schrauben passende Flügelmuttern, 1 €
- ✅ 5 zu den Schrauben passende Unterlegscheiben, 1 €
- ✅ kleine LED-Taschenlampe / LED-Spot (so kurz wie möglich), 3 €

- Acryl-Linse (Brennweite 15 mm, Durchmesser ca. 1,5 cm), 2 € (alternativ könnt ihr die Linse aus einem Laserpointer ausbauen)
- und natürlich ein Smartphone (keine Angst, es bleibt ganz!)
- Klebeband, Sekundenkleber
- Bohrer
- Schmale Feile
- Zange

SO WIRD'S GEMACHT

Die Holzplatte wird später das Fundament unseres Mikroskops. Die drei Gewindestangen tragen die Halterung für das Smartphone und für das Objekt, das wir vergrößern wollen. Dazu werden die beiden Plexiglasplatten in etwas Abstand zur Holzplatte darüber befestigt.

Zuerst bohren wir passende Löcher in die Platten. Lasst am besten noch die Folie auf den Plexiglas-Stücken, so verkratzen sie nicht. Wählt die richtige Bohrergröße für die Gewindestangen und macht euch Markierungen wie in der Skizze gezeigt.

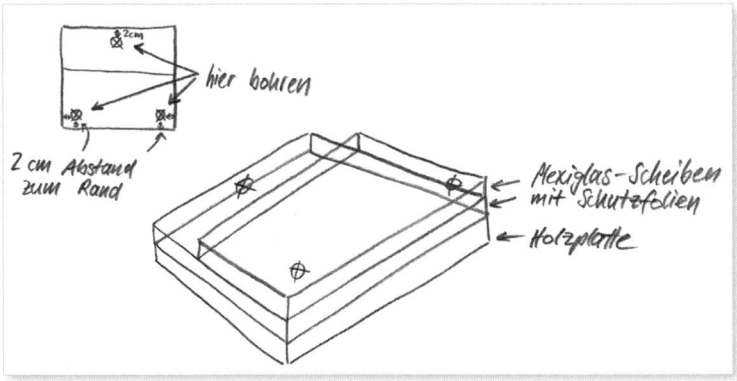

Legt die beiden Plexiglas-Platten bündig auf die Holzplatte und bohrt einmal sauber durch. So stellt ihr sicher, dass alle Löcher denselben Abstand haben.

In die Mitte zwischen den beiden Löchern in der großen Plexiglas-Platte kommt jetzt noch ein weiteres Loch für die **Linse**. Das Loch sollte ein winziges bisschen kleiner sein als die Linse, sodass diese gut aufliegt, ohne durch das Loch zu fallen. Messt die Größe der Linse und übertragt die Maße auf die Plexiglas-Platte. Vermutlich ist euer Bohrer nicht groß genug, um die richtige Größe direkt zu bohren. In diesem Fall könnt ihr mit der Feile nachhelfen und die Ränder etwas vergrößern.

Dreht die Gewindeschrauben in die Holzplatte. Eventuell braucht ihr dazu die Zange. Es macht nichts, wenn sie auf der anderen Seite ein bisschen überstehen, solange sie fest sitzen und die Holzplatte insgesamt waagerecht liegt. Wenn alles sitzt, fixiert die Stangen von oben mit Unterlegscheiben und Muttern und von unten nochmals jeweils mit einer Mutter.

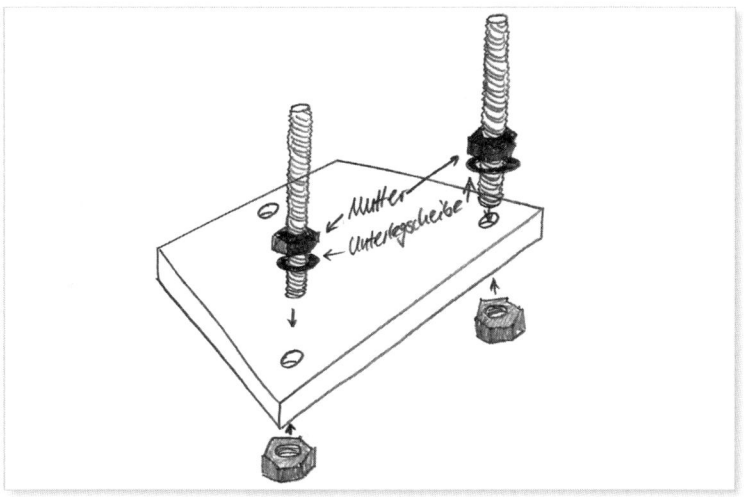

Der Objektträger wird von den Flügelschrauben gehalten. Dreht diese dazu verkehrt herum auf die beiden nebeneinander liegenden Gewindestangen, bis sie etwa ein Drittel weit hineingedreht sind. Legt dann jeweils eine Unterlegscheibe auf die Flügelschrauben. Darauf kommt dann die kleine Plexiglasplatte.

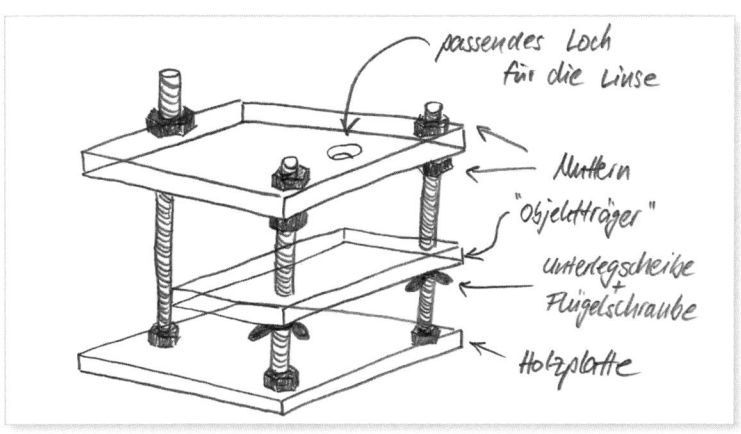

Um zum Schluss die große Plexiglas-Scheibe zu befestigen, dreht drei Muttern etwa 1 cm weit auf die Gewindestangen. Darauf kommt die Plexiglas-Scheibe und zu guter Letzt oben drauf nochmal jeweils eine Mutter. Damit müsste alles fest sitzen. Kleiner Tipp: Benutzt eine Wasserwaagen-App um auszumessen, ob euer Aufbau waagerecht ist. Falls nicht, checkt nochmal die verschiedenen Platten, beginnend bei der Holzplatte und justiert gegebenenfalls die Schrauben nach, damit alles im Lot ist.

Befestigt dann die LED-Lampe unter dem Linsen-Loch, sodass das Licht später direkt durch die Linse scheint. Dazu könnt ihr das Klebeband verwenden. Achtet darauf, dass ihr die Lampe noch problemlos ein- und ausschalten könnt.

Falls noch nicht geschehen, platziert zum Schluss die Linse in der Aussparung. Fixiert sie gegebenenfalls mit etwas Sekundenkleber – aber achtet darauf, dass kein Kleber auf die Linse gerät. Bevor ihr mit dem Sekundenkleber hantiert, könnt ihr mit Klebeband ein Stück Papier auf die Linse kleben. Wenn jetzt Kleber danebengeht, ruiniert er hoffentlich nicht die Linse.

Die Hauptarbeit ist erledigt – jetzt kommt der entspannte Teil! Platziert das Smartphone so, dass die Kamera direkt über der Linse liegt. Um das Mikroskop zu testen, schnappt euch eine Münze und legt sie auf das kleine Stück Plexiglas. Profis nennen das den Objektträger. Startet die Kamera-App auf dem Smartphone und bewegt dann den Objektträger mit den Flügelschrauben auf und ab, bis ihr ein scharfes Bild seht. Die **LED** braucht ihr für die Münze noch nicht. Vielleicht könnt ihr sie allerdings besser sehen, wenn ihr den Handy-Blitz aktiviert. Manchmal funktioniert das nur, wenn ihr gleichzeitig ein Video aufzeichnet. Die LED unter dem Objektträger braucht ihr vor allem für transparente Objekte, wie zum Beispiel das Blatt einer Pflanze.

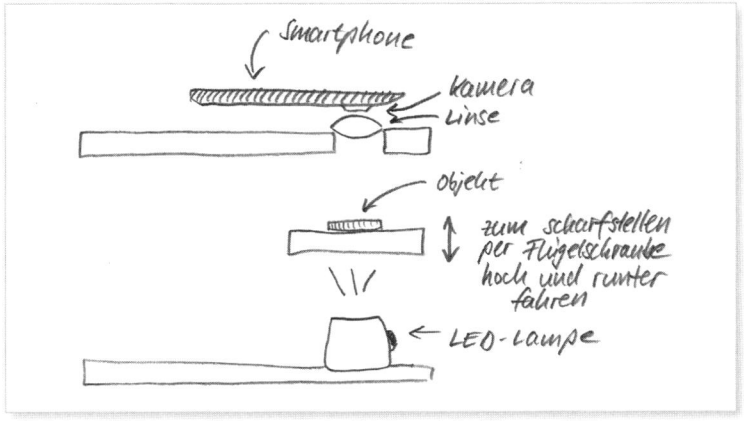

Möglicherweise müsst ihr das Objekt sehr nah an die Linse bringen. Falls sich der Objektträger nicht weiter nach oben bewegen lässt, weil ihr schon an den Muttern anstoßt, schiebt ein weiteres Stück Plexiglas unter das Objekt, um es näher an die Linse zu bringen. Es kann auch sein, dass euer Smartphone verwirrt von der neuen Optik ist. Meistens reicht es, in der Kamera-App auf das Objekt zu tippen, das man scharfstellen möchte. Probiert das einmal aus, falls das Bild unscharf bleiben sollte. Außerdem könnt ihr zusätzlich den Kamera-Zoom verwenden, um das Bild weiter zu vergrößern.

SO FUNKTIONIERT ES

Wie ihr seht, ist ein wesentlicher Bestandteil eines Mikroskops die Linse. Im Objektiv eures Smartphones verbergen sich noch weitere Linsen. Sie sorgen dafür, dass das Licht von einem kleinen Objekt so umgelenkt wird, dass es auf dem Fotochip in eurer Kamera groß erscheint. Das funktioniert nur, wenn die Linsen richtig gewählt werden. Ein Teleskop ist ähnlich aufgebaut. Allerdings ist der Unterschied hier natürlich, dass die Objekte, die man vergrößern möchte, sehr weit weg sind.

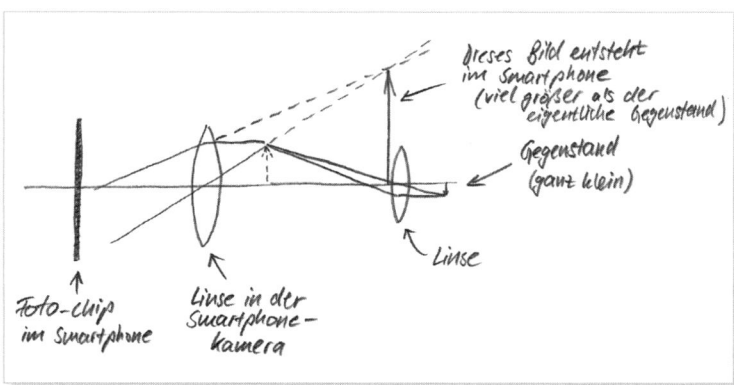

Licht von einem kleinen Objekt wandert zuerst durch die erste Linse. Das ist in unserem Fall die Linse, die wir in das Plexiglas eingebaut haben. Auf der anderen Seite der Linse entsteht ein Zwischenbild. Das wird von der zweiten Linse auf den Foto-Chip des Smartphones fokussiert. Dabei verlaufen die Lichtstrahlen so, dass das Objekt stark vergrößert wird.

SPANNENDE MIKROSKOPIE-EXPERIMENTE

Jetzt habt ihr ein Mikroskop und ihr wisst, wie es funktioniert! Fehlen nur noch spannende Objekte, die ihr vergrößern könnt! Hier ein paar Vorschläge:

- Schneidet mit einem scharfen Messer eine dünne Scheibe von einem Korken ab.
- Schneidet mit einem scharfen Messer eine dünne Scheibe aus der Mitte einer Zwiebel.
- Besorgt euch eine kleine, glatte Glasschale und füllt Wasser aus einem See ein. Könnt ihr kleine Tiere finden?
- Zwickt ein Brennnessel-Blatt ab und klebt es an einen Kaugummi, ohne die Oberfläche zu berühren. Platziert das ganze hochkant auf dem Objektträger, um die Haare der Brennnessel zu sehen.
- Geldscheine haben viele versteckte Sicherheitsmerkmale, die nur unter einem Mikroskop zu sehen sind.

Habt ihr ein sensationelles Bild gemacht? Schickt es mir an phil@phils-physics.de!

3D-EFFEKT AUF DEM SMARTPHONE – HOLOGRAMME SELBST GEMACHT

easy

15 Minuten

Optik

http://phils-physics.de/hologramme

mit Video

Wenn in Science-Fiction-Filmen jemand telefoniert, dann natürlich mit Live-Video-Übertragung. Und selbstverständlich in 3D, so dass man den Gesprächspartner dreidimensional sehen kann, ohne 3D-Brille. Zukunftsträume? Keineswegs! Ein solches 3D-Hologramm könnt ihr auch erzeugen – mit einem Smartphone und einer CD-Hülle.

MATERIAL-LISTE

- (unverkratzte) CD-Hülle, weniger als 1 €
- Smartphone (wird nicht zerstört)
- Geodreieck, Stift, Schere, Cutter
- Tesafilm

SO WIRD'S GEMACHT

Wir werden gleich die CD-Hülle in eine Art Pyramide verarbeiten, die ihr dann auf das Display eures Smartphones legen könnt. Die Pyramide muss spezielle Maße haben. Jede der vier Seiten ist ein Trapez mit einer 6 cm langen Grundseite, einer 1 cm langen Oberseite und einer Höhe von 3,5 cm. Da wir vier Stück davon brauchen, um eine ganze Pyramide zu bauen, habe ich euch eine Vorlage mit vier Seitenflächen gezeichnet. Diese findet ihr am Ende dieses Kapitels oder zum Ausdrucken über den Link am Anfang dieses Kapitels. Klebt diese Vorlage mit Tesafilm auf die durchsichtige Seite der CD-Hülle, so dass ihr die Linien durch die Hülle sehen könnt. Markiert mit der Spitze des

Cutters die Endpunkte auf dem Plastik. Jetzt könnt ihr mit dem Geodreieck sauber die Formen ausschneiden. Fahrt mit dem Cutter etwa zehnmal mit leichtem Druck die Linien ab. Dann könnt ihr die Kanten behutsam auseinander brechen. Biegt dabei das Plastik so, dass die Seite, auf der ihr geschnitten habt, gedehnt wird, dann reißt das Plastik gerade entlang der gewünschten Kante.

Wenn ihr vier Trapeze ausgeschnitten habt, kommt der Tesafilm nochmal zum Einsatz. Immer zwei Formen werden an den schrägen Rändern aneinander geklebt, sodass insgesamt eine Art abgeschnittene Pyramide entsteht.

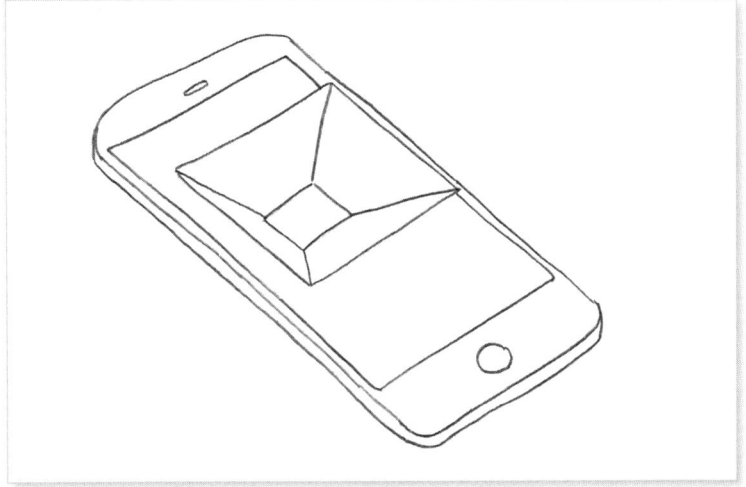

Das war auch schon der schwierigste Teil! Schnappt euch euer Smartphone und geht auf die Website zu diesem Experiment. Dort habe ich euch eine spezielle Filmsequenz verlinkt. Wenn ihr diese abspielt und eure Plastik-Hologramm-Pyramide auf die Mitte des Bildschirms setzt, erscheint darin ein dreidimensional bewegtes Objekt! Schaltet das Licht im Zimmer aus, um es besser sehen zu können.

SO FUNKTIONIERT ES

Wenn ihr genau hinschaut, werdet ihr sehen, dass die Objekte zwar im Raum zu schweben scheinen, aber bei genauerer Betrachtung eigentlich flach sind. Denn die durchsichtigen Seiten der Pyramide wirken wie ein halbdurchlässiger Spiegel. So könnt ihr sowohl das Objekt auf dem Bildschirm, als auch den realen Hintergrund hinter der Pyramide sehen. Der 3D-Effekt kommt erst zustande, wenn man den Blickwinkel ändert und aus einer anderen Richtung in die Pyramide schaut. Dann wirkt es so, als würde man sich wirklich um das Objekt bewegen.

GIBT ES AUCH ECHTE HOLOGRAMM-PROJEKTOREN?

Vielleicht habt ihr schon mal in einem Freizeitpark oder auf dem Jahrmarkt einen Spiegel gesehen, in dem ihr euch selbst und daneben einen Geist sehen könnt. Das Prinzip ist genau gleich. Der Spiegel ist halbdurchlässig und dahinter befindet sich eine Projektionsfläche mit dem Geist auf schwarzem Hintergrund. Das ist also auch eher ein Trick. Aber kann es eine echte 3D-Projektion überhaupt geben?

Die Kurz-Antwort: nein. Jede Form von **Projektion** ist immer zweidimensional, weil immer etwas von einem flachen Bildschirm reflektiert wird. Solange sich das Objekt nur in der Ebene bewegt, sieht das zwar schon erstaunlich realistisch aus, aber das liegt nur daran, dass das Gehirn die flache Projektion mit der dreidimensionalen realen Umgebung vermischt. Um wirklich etwas in 3D in den Raum zu zaubern, braucht man etwas Dreidimensionales, das das Licht reflektieren kann.

Trotzdem arbeiten Forscher daran, so etwas Ähnliches möglich zu machen. Einer der abgefahrensten Ansätze funktioniert so: Ein starker Laserstrahl wird durch ein System von Spiegeln und Linsen so gelenkt, dass er millimetergenau auf Luftmoleküle fokussiert ist. Dort, wo der Laserstrahl am stärksten ist, werden aus Luftmolekülen Teile (Elektronen) herausgeschlagen. Das nennt man **Ionisieren** und dabei entsteht ein Leuchten.

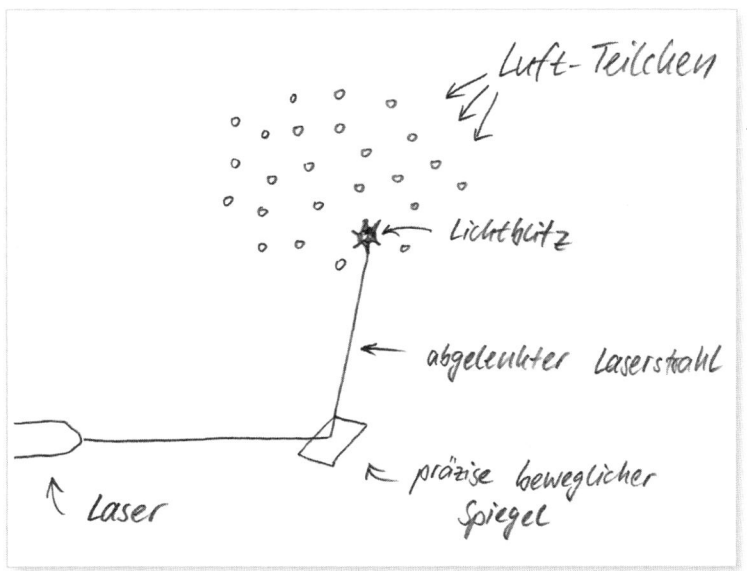

Dieser Prozess geht so schnell, dass der Laser innerhalb von Sekundenbruchteilen an vielen verschiedenen Stellen im drei-dimensionalen Raum einen solchen Mini-Blitz erzeugen kann. Für das Menschliche Auge verschwimmen die Grenzen zwischen den vielen kleinen Blitzen und es sieht aus, als würde ein echtes dreidimensionales zusammenhängendes Leuchtobjekt in der Luft schweben. Leider können die Objekte nicht zu groß werden, weil das Laser-Spiegel-Linsen-System dann unfassbar teuer wäre.

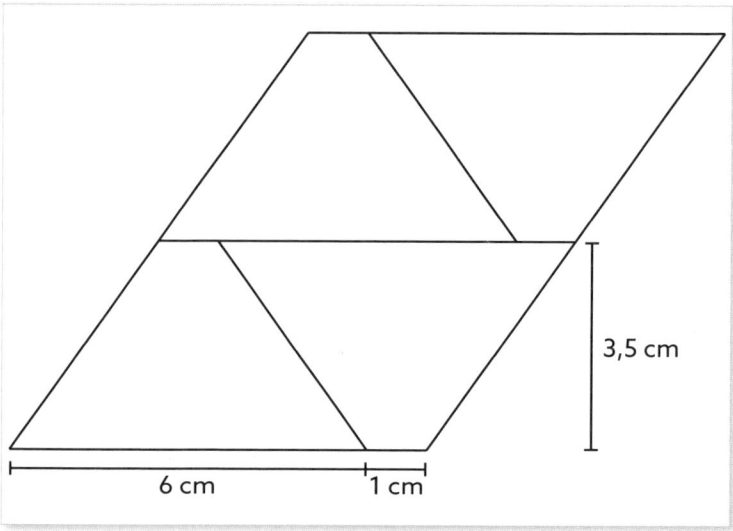

HOVERCRAFT – FORTBEWEGUNGSMITTEL DER ZUKUNFT?

anspruchsvoll

120 Minuten

Mechanik, Reibung

http://phils-physics.de/hovercraft

Elegant gleitet das Gefährt über den Boden. Es bewegt sich schnell und wenn man genau hinsieht, entdeckt man: Es schwebt ein wenig über dem Boden. Es scheint wie Magie, wenn es völlig problemlos vom Festland aufs Wasser gleitet. Ohne Räder, ohne Schienen, auf einem Kissen aus Luft.

Was klingt wie in einem Science-Fiction-Roman, ist tatsächlich schon Realität. Das Fortbewegungsmittel, das ich gerade (zugegebenermaßen etwas blumig) beschrieben habe, gibt es schon. Es heißt Luftkissenboot oder Hovercraft. Immer wieder hatten Menschen die Idee, ein Fortbewegungsmittel zu entwickeln, das schwebt statt rollt. Durchgesetzt hat es sich noch nicht so wirklich. Dabei ist es gar nicht schwer zu bauen!

MATERIAL-LISTE »SCHREIBTISCH-HOVERCRAFT«

- Eine alte CD
- Deckel einer Trinkflasche mit Sport-Verschluss (den man mit den Zähnen hochziehen kann)
- Flüssigkleber (noch besser Heißkleber)
- Gummiband
- Luftballon

MATERIAL-LISTE
»GROSSES HOVERCRAFT«

- Laubgebläse (Leistung mind. 2500 W, Luft-strom mind. 270 km/h), 60€ auf eBay

- Platte aus leichtem Holz oder Kunststoff, kreisförmig mit mind. 1 m Durchmesser, 10 €

- Plane (z.B. oder Duschvorhang), kreisförmig und ca. 30 cm größer auf allen Seiten als die Platte, 5 €

- Plastikscheibe (10–15 cm Durchmesser), 3 €

- Schraube, Mutter, 2 passende Unterlegschei-ben, 1 €

- Klebeband (Panzertape), 2 €

- Tacker (Nadeln sollten stark genug sein, um durch die Folie zu gehen. Alternativ ein Hammer und kurze Nägel)

- Stichsäge

- Bohrer

- Schere

- Schleifpapier

SO WIRD'S GEMACHT (SCHREIBTISCH-HOVERCRAFT)

Ein Luftkissenboot bzw. Hoverkraft schwebt auf einer dünnen Luftschicht. Um dieses Prinzip ein bisschen besser zu verstehen und ein ziemlich lustiges Spielzeug zu basteln, könnt ihr mit wenigen Mitteln ein Mini-Hovercraft selber bauen.

Als erstes klebt ihr den Trinkflaschenverschluss in die Mitte auf die CD (über das Loch). Der Rand muss richtig luftdicht verschlossen sein – hier ist also ein bisschen zu viel Kleber besser als zu wenig.

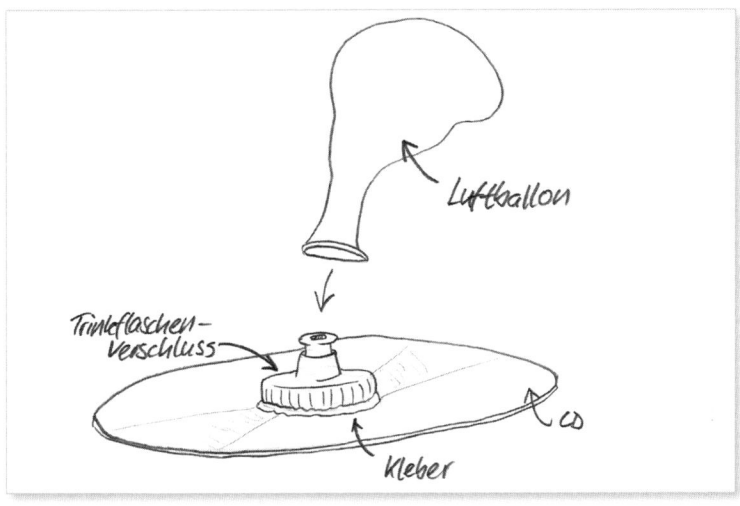

Sobald der Klebstoff hart geworden ist, ist das Luftkissen-Fahrzeug einsatzbereit. Um es zu »tanken«, müsst ihr jetzt nur noch den Luftballon aufblasen, die Öffnung über den Trinkflaschendeckel stülpen und mit dem Gummiband befestigen. Stellt vorher den Stöpsel auf »zu«. Wenn dann der aufgeblasene Luftballon fest sitzt, könnt ihr den Stöpsel im Luftballon vorsichtig aufmachen, so dass ein bisschen Luft entweichen kann.

Ein zu starker Luftstrom bringt nicht viel – der Ballon ist dann nur schneller leer. Wenn die Luft strömt, sollte die CD auf dem Tisch oder Fußboden schweben und nach kurzem Anstupsen reibungslos gleiten. Auf glatten Oberflächen klappt dieses Experiment am besten.

Falls der Trinkflaschenverschluss nicht gut funktioniert, nehmt stattdessen den Verschluss einer Plastikflasche und stecht vier kleine Löcher mit einer Nadel hinein. So strömt nicht zu viel Luft aus dem Luftballon. Ihr könnt nach Gefühl weitere Löcher in den Deckel stechen, um dem Schreibtisch-Hovercraft mehr Power zu geben.

SO WIRD'S GEMACHT (HOVERCRAFT IN GROSS)

Jetzt seid ihr Experten in Sachen Luftkissen-Fahrzeug und könnt das Ganze in groß bauen! So ein Hovercraft selbst zu konstruieren, ist ein komplexes Unterfangen. Am besten macht man das zu zweit, wobei einer schon mal mit einer Stichsäge und einem Bohrer hantiert haben sollte.

Als erstes bereitet ihr die Sperrholzplatte vor, indem ihr mit dem Schleifpapier die Kanten abrundet und glatt macht. Je weniger scharfe Kanten, desto geringer die Verletzungsgefahr für euch und für die Folie.

In die Mitte der Platte bohrt ihr danach ein für die Schraube passendes Loch. Mit etwas Abstand kommt ein weiteres Loch daneben, das so groß ist wie die Austrittsöffnung des Gebläses.

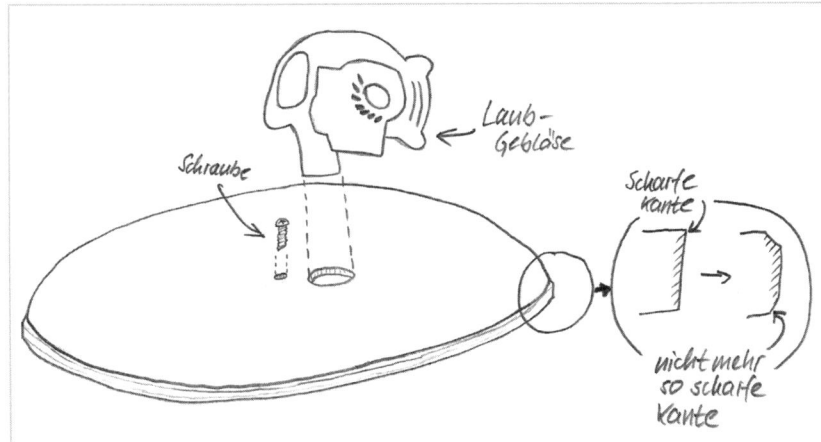

Im nächsten Schritt breitet ihr die Folie aus und legt die Platte mittig darauf. Faltet die Folie nach oben über den Rand, so dass sie locker sitzt. Damit die Folie schön in Position bleibt, klebt sie mit Klebeband fest. Erst dann benutzt ihr den Tacker, um sie zu fixieren. Die Plane muss bombenfest sitzen – also nehmt lieber ein paar Tackernadeln mehr. Eventuell hilft es auch, kurze Nägel zu verwenden.

Jetzt geht es auf der Unterseite weiter: Wir befestigen die Plastikscheibe von unten an der Plane. Sie soll dafür sorgen, dass sich die Plane später nicht aufbläht wie ein Luftballon. Die Plastikscheibe wird also mit der Schraube und den Unterlegscheiben auf beiden Seiten und der Mutter befestigt.

Als nächstes brauchen wir natürlich noch Austrittsöffnungen für die Luft. Dazu schneidet ihr etwa 6 Löcher um die Plastikscheibe herum in die Folie. Die Löcher sollten einen Durchmesser von 4 cm haben und etwa 3 cm von der Plastikscheibe entfernt sein. Damit die Plastikfolie ein bisschen stabiler ist, verstärkt die Folie um alle Löcher herum mit Panzertape.

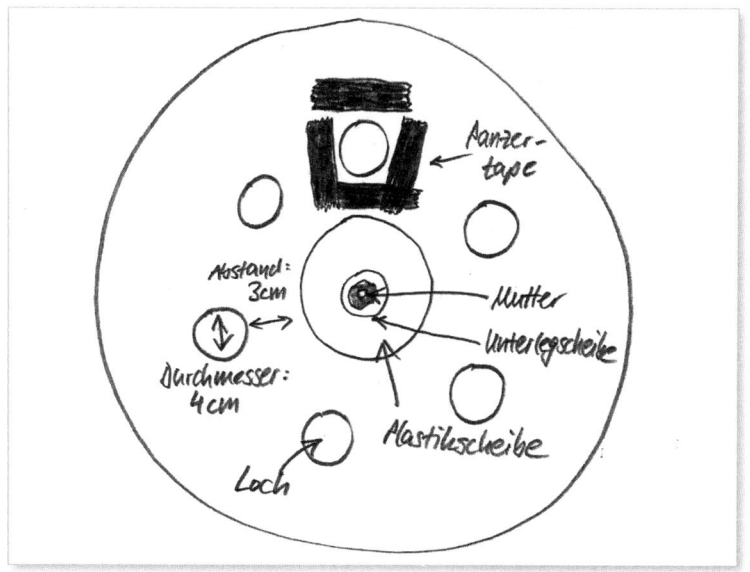

Jetzt fehlt nur noch der Motor, genauer gesagt das Gebläse. Je nach Modell solltet ihr das Rohr entfernen. Wichtig ist auf jeden Fall, dass die Austrittsöffnung luftdicht mit dem Loch in der Mitte der Platte befestigt ist. Dafür ist das Panzertape ganz gut geeignet.

Wenn alle Teile sicher befestigt sind, könnt ihr das Gefährt testen. Idealerweise auf einem abgesicherten Gelände, zum Beispiel auf einem Sportplatz oder sogar in einer Turnhalle. Das Fahren mit dem Hovercraft ist eine wackelige Angelegenheit. Wenn ihr euch selbst drauf stellen wollt, ist es wichtig, dass ihr eine gute Balance findet. Ist die Scheibe nicht waagerecht, schwebt das Hovercraft schlechter.

Falls was schief geht: Checkt, ob ihr das Gewicht auf dem Hovercraft gut ausbalanciert habt. Das Brett sollte ganz horizontal über dem Boden ausgerichtet sein. Eine weitere Fehlerquelle sind undichte Stellen. Hier könnt ihr mit Panzertape nachhelfen und Lecks abdichten. Außerdem sollte die Plane nicht zu locker sitzen. Ihr könnt auch ausprobieren, ob das Hovercraft besser schwebt, wenn ihr ein Loch auf der Unterseite zuklebt.

SO FUNKTIONIERT ES

Wir haben gesehen, dass die ganze Magie des Luftkissenboots bzw. Hovercrafts darin besteht, dass das Gefährt auf einer dünnen Luftschicht schwebt. Luft wird von oben angesaugt und unter das Fahrzeug geblasen. Dort angekommen muss die Luft irgendwo hin – sie bewegt sich zum Rand und hebt dabei das Hovercraft an. Dadurch, dass auf einmal kein Kontakt mehr mit dem Boden besteht, ist die Reibung zwischen Fahrzeug und Untergrund beinahe komplett aufgehoben. Es schwebt förmlich auf einer Luftschicht. Deshalb kann sich ein Hovercraft so elegant und leicht fortbewegen.

Der Luftkissen-Effekt sorgt natürlich nur dafür, dass das Hovercraft schwebt. Fortbewegen kann man sich damit noch nicht. Daher gibt es noch einen großen Ventilator, der wie ein Propeller bei einem Flugzeug für Vortrieb sorgt. Ein großes Problem ist das Bremsen. Wenn der Luftstrom nach unten abbricht, setzt man direkt auf dem Boden auf und stoppt sofort. Das ist also nicht besonders elegant. Manche Hovercrafts können den Propeller umkehren und so abbremsen. Andere reduzieren einfach den Luftstrom, der das Luftkissen aufbaut, sodass das Abbremsen ein bisschen sanfter vonstattengeht.

WARUM ÜBERHAUPT HOVERCRAFTS?

Ihr seht: So ein Hovercraft ist ein relativ kompliziertes Fahrzeug. Man braucht einen konstanten und starken Luftstrom und die Unterseite muss stabil, aber beweglich sein. Ein Auto mit seinen Rädern ist da doch etwas einfacher. Warum sollte man also den Aufwand betreiben und so ein Luftkissenfahrzeug bauen, außer wenn man einfach ein spaßiges Fahrzeug haben will?

Hovercrafts werden in vielen verschiedenen Bereichen eingesetzt. Da sie keinen Kontakt mit dem Untergrund haben, können sie spielend vom Land auf's Wasser fahren. In seichten Gewässern, wie zum Beispiel Sümpfen, würden Autos stecken bleiben und Boote aufsetzen. Hier nutzen Wissenschaftler oder Rettungskräfte Hovercrafts, um an entlegene Stellen zu kommen, ohne die Natur zu sehr zu stören. Der Luftdruck, der unter einem Hovercraft entsteht, ist nämlich gar nicht so groß. Ein voll beladenes Hovercraft kann über ein Vogelnest schweben, ohne die Eier zu zerbrechen. Als allgemeines Fortbewegungsmittel hat sich das Luftkissenboot allerdings noch nicht durchgesetzt. Vielleicht erfindet ihr ja eine neue Version und revolutioniert unser Verkehrswesen!

WARUM IST DER KÜHLSCHRANK HINTEN HEISS? WIR BAUEN EINE KLIMAANLAGE!

mittelschwer

30 Minuten

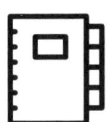

Wärmelehre,
Wärmeenergie, Atome,
Wärmeleitung

http://phils-physics.de/klimaanlage

Juli. Hochsommer. Die Luft flirrt und der Kopf schwirrt. Wusstet ihr, dass der Hitze-Rekord in Deutschland bei über 40 °C im Schatten liegt? Bei diesen **Temperaturen** kann man auf dem Autodach Eier braten! Was haben die Menschen früher nur im Sommer gegen die stechende Hitze gemacht? Klar: Sie haben sich in ihren Höhlen verkrochen. Irgendwann war es schick, nicht mehr in Höhlen, sondern in Häusern zu wohnen und dann kam irgendwann mal jemand auf die Idee, eine Klimaanlage zu bauen. Und genau das werden wir jetzt auch tun!

MATERIAL-LISTE

- ✓ große Kühlbox aus Styropor, ab 5€
- ✓ ein kleiner Tischventilator, ab 6€
- ✓ PVC-Rohr aus dem Baumarkt (Durchmesser: ca. 5 cm, Länge: ca. 10 cm), 3€
- ✓ Panzertape, ab 3€
- ✓ scharfes Teppichmesser/Cutter, 3€
- ✓ so viel Eis, wie in die Kühlbox passt (Eiswürfel kann man z.B. an der Tankstelle in großen Mengen kaufen, alternativ könnt ihr auch eure Tiefkühltruhe benutzen), ab 5€

SO WIRD'S GEMACHT

Als erstes verpassen wir der Kühlbox zwei Löcher. Das erste Loch kommt in den Deckel. Es sollte etwas kleiner sein als der Durchmesser des Ventilators – denn der kommt oben drauf, so dass er Luft aus der Umgebung ansaugt und durch das Loch auf das Eis bläst. Das zweite Loch kommt an die Seite der Box, etwa 5 cm unterhalb der Oberkante. Hier kommt später das Stück Rohr rein, deshalb macht den Durchmesser dieses Lochs genauso groß wie das Rohr. Ihr könnt einfach das Rohr ansetzen, einen engen Kreis darum malen und dort das Messer ansetzen.

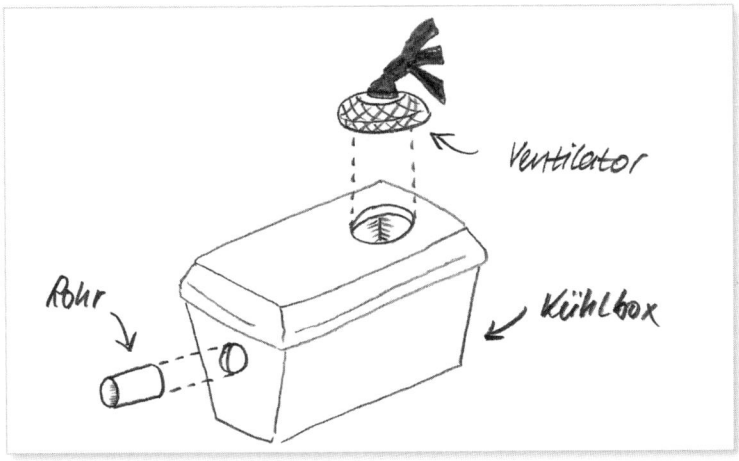

Sobald die beiden Löcher im Styropor sind, befestigt das Rohr und den Ventilator mit Panzertape. Richtet das Rohr auf der Außenseite leicht nach oben – so läuft das Schmelzwasser später nicht raus. Achtung: Flüssiger Klebstoff und Styropor vertragen sich nicht gut. Das Styropor löst sich durch die Stoffe im Kleber auf – aber das ist ein anderer Versuch. Deshalb: großzügig Panzertape für die Befestigung verwenden. Den Ventilator klebt ihr am besten nur am Rand fest, sonst kann er nicht genug Luft ansaugen und geht kaputt. Da das Loch ja kleiner ist als der Ventilator, wird dieser nicht in die Box fallen – das Tape sorgt also nur dafür, dass nichts verrutscht.

Jetzt ist die Klimaanlage schon fast fertig. Fehlt nur noch das Eis! Entweder produziert ihr selbst einen großen (oder mehrere kleine) Eisblöcke in der Tiefkühltruhe oder ihr besorgt euch einfach fertiges Eis an der Tankstelle oder im Supermarkt. Das könnt ihr dann gleich in der frisch erworbenen Styroporbox nach Hause transportieren. Der letzte Schritt ist jetzt denkbar einfach: Eis in die Box, Deckel drauf, Ventilator an – kalte Luft!

SO FUNKTIONIERT ES: CRASH-KURS WÄRMEENERGIE

Im Winter hört man oft den Satz »Lass die Tür nicht offen, da kommt sonst die ganze Kälte rein!«. Wenn ein Physiker im Klugschiss-Modus anwesend wäre, würde dieser vermutlich berichtigen: »Nein: Die Wärme geht raus.«. Wahrscheinlich fragt sich jetzt der eine oder andere, wo denn da bitte der Unterschied sein soll. Tatsächlich ist der Unterschied ein großer, denn es gibt physikalisch gesehen gar keine »Kälte«. So ähnlich wie »Schatten« eigentlich die Abwesenheit von »Licht« ist, ist »Kälte« die Abwesenheit von »Wärme«. Ganz richtig, aber etwas umständlich, könnte man also sagen: »Luft mit wenig **Wärmeenergie** kommt durch die Tür«.

Wärmeenergie ist eine Eigenschaft eines Stoffes. Luft kann Wärmeenergie tragen, ein Stück Eis oder die Fliesen im Bad. Jeder Stoff besteht im Kleinsten aus **Atomen** – das habt ihr bestimmt schon mal gehört. Atome sind die kleinsten Biersteine von allem, was uns umgibt – und von uns selbst! Bei Luft sind diese Bausteine zum Beispiel Sauerstoff oder Stickstoff. Eis besteht aus Wasser und die Fliesen im Bad sind aus Keramik gemacht, was eine sehr komplizierte Struktur hat.

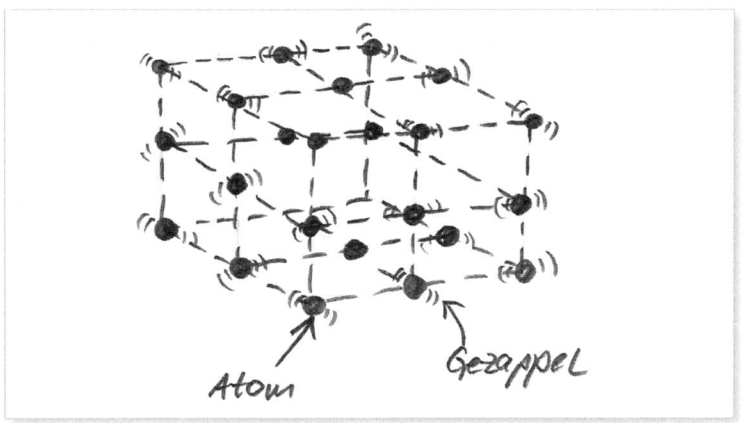

All diese Atome sind ständig in Bewegung. Sie zappeln vor sich hin wie eine Menge Leute bei einem Konzert. Je mehr Energie die Atome haben, desto mehr können sie auch zappeln. Und je höher die Temperatur des Stoffs, desto höher ist dessen Wärmeenergie und desto mehr verhalten sich die Atome wie bei einem richtig lauten Rockkonzert! Diese Bewegungen sind natürlich winzig klein. Deshalb hüpft ein Ziegelstein (der ja auch aus Atomen besteht) nicht durch die Gegend.

Diese Energie können die Atome auch weiter geben, wenn sie an andere Atome stoßen. Und genau das passiert, wenn euch warme Sommerluft ins Gesicht weht: Die Atome in der Luft geben einen Teil ihrer zappeligen Wärmeenergie ab und die Atome in der Haut nehmen sie auf. Das fühlt sich dann »warm« an. Wenn im Winter kalte Luft durch die offene Tür herein (und warme hinaus) zieht, spüren wir das, weil die Atome in der Luft mit unserer Haut in Berührung kommen und die Haut ein biss-chen Wärmeenergie abgibt. Auch wenn sich also die kalte Luft zu uns bewegt hat, ist im Kleinsten die Wärme von uns weg gegangen.

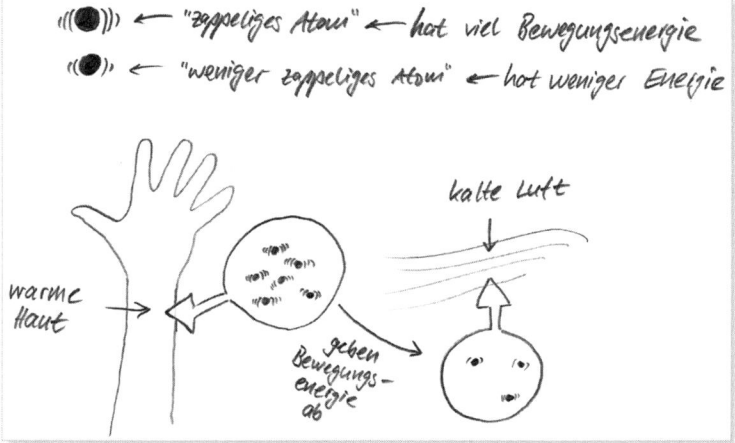

WIE MACHT UNSERE KLIMAANLAGE »KALT«?

Logisch – Eis ist kalt und wenn man drauf bläst, wird es noch kälter. Aber was passiert da eigentlich genau? Der Effekt, der in unserer Klimaanlage stattfindet, ist so einfach wie genial: Er heißt Verdunstung! Eis ist gefrorenes Wasser. Der Ventilator bläst Luft auf das Eis. Wenn die relativ warme Luft auf das Eis gelangt, schmilzt es und es bildet sich ein flüssiger Wasserfilm, der schnell verdunstet. Das bedeutet, dass aus dem flüssigen Wasser Wasserdampf wird. Dieser Vorgang geht aber nicht einfach so »kostenlos«. Eine Flüssigkeit, deren Zustand von »flüssig« zu »gasförmig« wechselt, braucht Energie. Diese Energie kann zum Beispiel Wärmeenergie aus der Luft sein. Die wird dazu verwendet, das Wasser **verdunsten** zu lassen. Und zack – ist weniger Wärmeenergie in der Luft und die Luft ist kälter.

Den gleichen Effekt habt ihr, wenn ihr auf euren Handrücken pustet. Es fühlt sich ein bisschen kühler an, weil die Haut immer etwas Feuchtigkeit in sich trägt. Diese Feuchtigkeit verdunstet, indem sie sich Energie aus eurer Haut zieht. Dadurch hat die Haut weniger Energie und kühlt ein bisschen ab. Das Phänomen lässt sich verstärken, wenn ihr eure Hand nass macht und pustet. Da mehr Wasser verfügbar ist, das verdunsten kann, fühlt es sich noch kühler an.

Falls bei euch also ein Hitze-Notfall ausgebrochen ist und ihr ganz schnell eine Billig-Klimaanlage braucht, könnt ihr auch diese simple Version bauen: Ihr braucht dazu nur einen Ventilator, ein nasses Handtuch und einen Ständer (z.B. Stuhl), an dem ihr das nasse Handtuch aufhängen könnt. Richtet den Ventilator auf das nasse Handtuch. Das Wasser wird verdunsten und dabei für kühlere Luft sorgen!

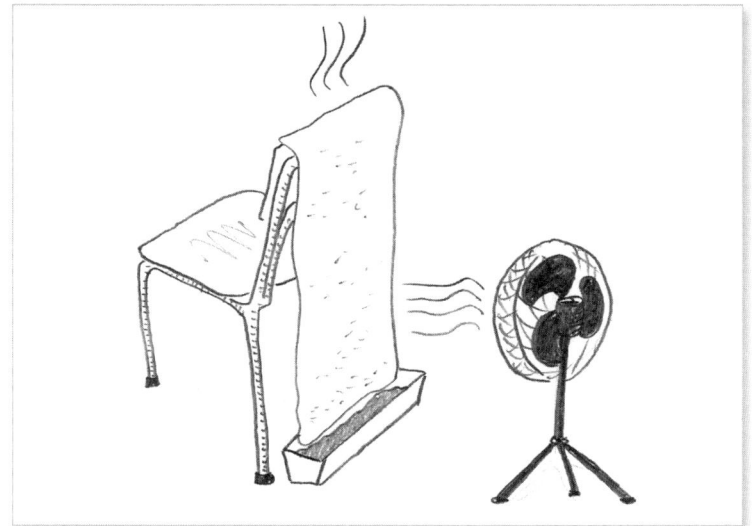

WIE WIRD DER KÜHLSCHRANK KALT?

Ein richtig toller Apparat, der »kalt macht«, ist ein Kühlschrank. Vielleicht denkt sich der eine oder andere: Ich mache einfach die Kühlschranktür auf – das ist doch die beste Klimaanlage! Super Idee – wenn man eine Stromrechnung haben will, bei der einem das Blut in den Adern gefriert. Unsere selbstgebaute Klimaanlage ist da deutlich sparsamer. Aber Moment mal, warum verbraucht ein Kühlschrank eigentlich so viel Strom? Und wie wird es da drin eigentlich so kalt?

Das Prinzip, das allem zu Grunde liegt, kennt ihr schon: Wenn eine Flüssigkeit verdunstet, entzieht sie der Umgebung Wärmeenergie. Der Trick: Man nehme eine Flüssigkeit, die schon bei sehr niedrigen Temperaturen verdunstet! Diese Flüssigkeit kann man dann über Rohre in den Innenraum des Kühlschranks leiten. Die Flüssigkeit verdunstet in den Rohren und entzieht der Umgebung (also dem Inneren des Kühlschranks) Wärmeenergie.

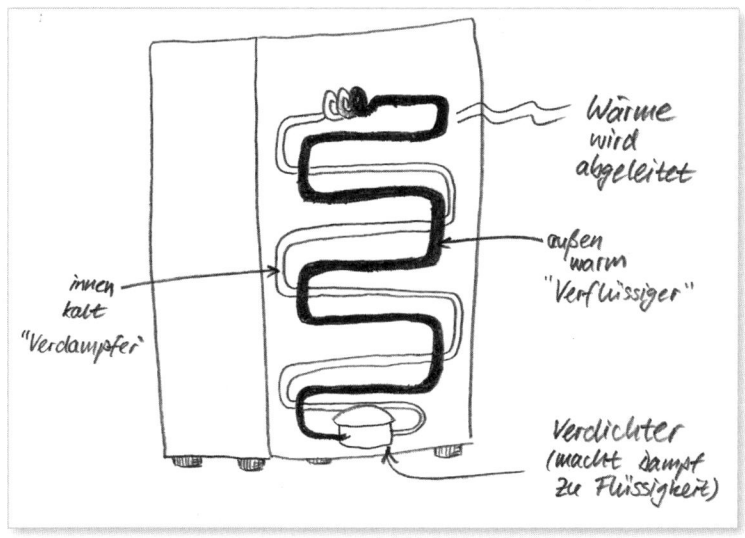

Dann wird der Dampf, also die verdunstete Flüssigkeit, in den äußeren Teil des Kühlschranks geleitet. Dort sorgt eine Maschine dafür, dass aus dem Dampf wieder eine Flüssigkeit wird. Dazu ist Energie nötig, und zwar eine ganze Menge. Die kommt aus der Steckdose. Gleichzeitig wird die Wärmeenergie, die ja im Dampf gespeichert war, an die Umgebung abgegeben. Deshalb ist die Rückseite von einem Kühlschrank auch immer warm.

UNGLAUBLICHE FACTS ÜBER TEMPERATUREN

Bestimmt kennt ihr das typische Messgerät für Temperaturen: das Thermometer! Und den meisten ist wahrscheinlich auch bekannt, dass niedrigere Zahlen »kältere Temperaturen« bedeuten und höhere Zahlen »wärmere«. Und jetzt schocke ich euch: Ich behaupte, der Mensch kann eigentlich gar keine Temperaturen erkennen! Glaubt ihr mir nicht? Okay – machen wir ein Experiment. Am besten lest ihr euch den nächsten Abschnitt durch und macht das Experiment dann mit einer ahnungslosen Testperson. Es eignet sich auch super, um eure Freunde zu verblüffen.

Ihr braucht vier großen Schalen mit Wasser: in eine kommt warmes, in eine kaltes und in zwei kommt lauwarmes Wasser. Jetzt soll die Testperson beide Hände zuerst gleichzeitig in die Schalen mit warmem und kaltem Wasser stecken und sagen, welche Schale warm und welche kalt ist. Als nächstes kommen die Hände gleichzeitig in die beiden lauwarmen Schalen. Wieder die Frage: Welche Schale ist warm und welche ist kalt? Was passieren wird: Die Testperson wird bei den ersten beiden Schalen korrekt sagen, dass in der einen kaltes Wasser, in der anderen warmes ist. Bei den beiden Schalen mit lauwarmem Wasser wird die Person behaupten, dass die eine Schale kälter ist als die andere!

Was ist da los? Sind die temperaturempfindlichen Nervenzellen in der Haut kaputt gegangen? Nein - die Funktion dieser sogenannten Temperaturrezeptoren ist tadellos, denn diese Zellen erkennen keine absoluten Temperaturen, so wie ein Thermometer, sondern nur Temperatur-Unterschiede! Für die eine Hand ist das der Unterschied zwischen kalt und lauwarm. Also denkt die Hand »oh, das fühlt sich wärmer an«. Bei der anderen Hand ist es genau umgekehrt. Der Wechsel von warm zu lauwarm fühlt sich an, als wäre es kälter geworden. Die Nervenzellen geben diese Signale an das Gehirn weiter, und dort entsteht der Eindruck, dass die eine lauwarme Schale kälter ist als die andere.

Wenn ihr zum Schluss ein Thermometer in die Schalen steckt und die Wahrheit aufdeckt, wird eure Testperson wahrscheinlich ziemlich staunen, dass ihr sie so an der Nase herumgeführt habt.

Ein anderer Effekt passiert oft im Winter: der Schock-Moment, wenn man aus Versehen mit dem Fuß auf den kalten Fliesenboden im Bad tritt! Schnell wieder zurück auf den warmen Teppich! Verblüffend ist: Der Teppich hat genau die gleiche Temperatur wie der Boden! Der Boden fühlt sich kälter an, weil die Fliesen viel schneller Wärmeenergie abtransportieren können. Sie sind richtig gute Wärmeleiter und leiten die Wärme von euren Füßen in den Boden. Der Teppich hingegen ist ein schlechter Wärmeleiter. Er isoliert euch gegen den Boden und sorgt dafür, dass die Wärme nicht so schnell abtransportiert wird.

Auch hier denken die temperaturempfindlichen Zellen wieder bei den Fliesen »igitt, das ist kalt« - dabei ist nur die Temperaturänderung entscheidend. Und die passiert bei den gut leitenden Fliesen eben schneller als auf dem isolierenden Teppich.

AUF SCHATZSUCHE – METALLDETEKTOR SELBST GEBAUT

mittelschwer

15 Minuten

Elektrodynamik,
Elektromgnetische Wellen

http://phils-physics.de/metalldetektor

mit Video

Eine Möglichkeit, reich zu werden: sein Leben lang hart arbeiten und sparen. Eine andere Möglichkeit: clever sein und einen Goldschatz finden. Na gut, Goldschätze zu finden, ist zugegebenermaßen ziemlich schwer. Aber clever sein lohnt sich trotzdem. Man verbessert so auch seine Chancen, einen Goldschatz zu finden, denn in diesem Kapitel bauen wir ganz clever einen Metalldetektor! Damit könnt dann nicht nur verlorene Schlüssel oder Münzen, sondern ja auch vielleicht einen Schatz am Strand finden.

MATERIAL-LISTE

- Kleiner Taschenrechner, 4 €
- Analoges Handradio mit Lautsprecher, 10 €
- Leere CD-Hülle
- Klebeband (doppelseitiges und normales)
- Besenstiel, Stock oder langes Rohr als Griff für den Metalldetektor

SO WIRD'S GEMACHT

Als erstes müssen wir den Taschenrechner im richtigen Abstand zum Radio platzieren. Benutzt das doppelseitige Klebeband, um das Radio mit der Rückseite auf die eine Innenseite der CD-Hülle zu kleben und den Taschenrechner mit der Rückseite auf die andere – wie auf dem Bild zu sehen ist.

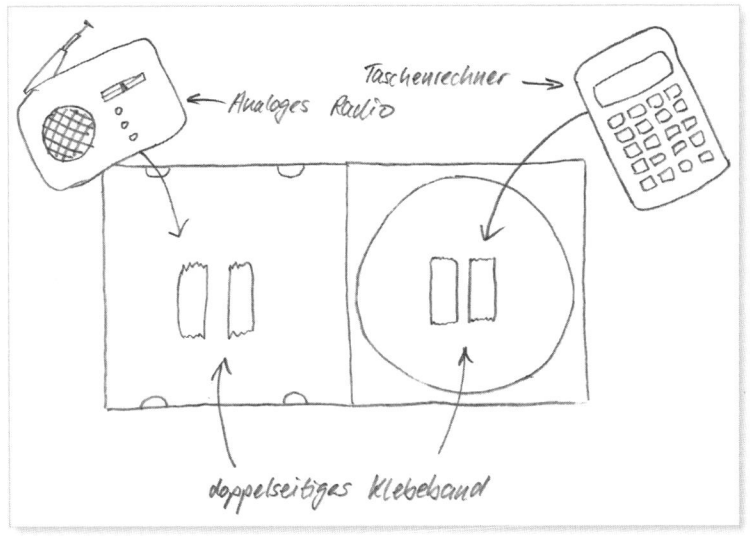

Stellt das Radio im AM-Frequenzbereich ein. Dreht an der Senderwahl so weit wie möglich nach oben, bis kein Sender zu hören ist, sondern nur Rauschen. Wenn ganz am oberen Ende des Frequenzbereichs zufällig ein Sender ist, dreht wieder runter, bis er gerade verschwindet und das Radio nur Rauschen von sich gibt.

Schaltet den Taschenrechner ein und dreht die Lautstärke am Radio hoch. Ihr könnt auch Kopfhörer verwenden, aber passt natürlich auf, dass ihr dann die Lautstärke nicht zu hoch einstellt. Klappt die CD-Hülle langsam zu und probiert so verschiedene Abstände zwischen Taschenrechner und Radio aus, bis ihr einen markanten Ton im Lautsprecher hören könnt. Wenn überhaupt kein Ton entsteht, versucht es damit, das Radio oder den Taschenrechner mit der anderen Seite auf die CD-Hülle zu kleben. Probiert auch, Radio und Rechner an verschiedenen Stellen aneinander zu halten. Wenn ein durchdringendes Piepen oder Knattern zu hören ist, habt ihr die richtige Stelle gefunden.

Sobald ihr mit dem Taschenrechner einen Ton im Radio erzeugt habt, klappt die CD-Hülle wieder ein Stückchen zurück, so dass der Ton gerade nicht mehr zu hören ist. In dieser Stellung fixiert ihr jetzt die CD-Hülle mit Klebeband. Eventuell hilft ein kleines Stück Styropor oder Pappe als Abstandshalter.

Jetzt ist der Metalldetektor schon fertig! Am besten probiert ihr ihn gleich mal aus. Ein Löffel aus Metall ist zum Beispiel ein super Versuchsobjekt. Wenn ihr euch mit dem selbstgebauten Metalldetektor nähert, müsstet ihr im Radio wieder den Ton hören! Wenn das noch nicht funktioniert, verändert nochmal den Abstand zwischen Taschenrechner und Radio oder probiert es mit einem größeren Metall-Versuchsobjekt.

Sobald euer Metalldetektor den »Löffel-Test« bestanden hat, könnt ihr die Konstruktion mit einer Menge Klebeband bombenfest tapen und das ganze am Ende des Besenstiels befestigen. So müsst ihr euch nicht bücken, wenn ihr Metallgegenstände am Boden sucht. Nicht alle Radios funktionieren gleich gut bei diesem Versuch. Billige Modelle sind oft nicht sensibel genug um die Schwankungen im **elektrischen Feld** wahrzunehmen, die von metallischen Objekten verursacht werden. Experimentiert mit verschiedenen Geräten und verschiedenen Abständen zwischen Taschenrechner und Radio.

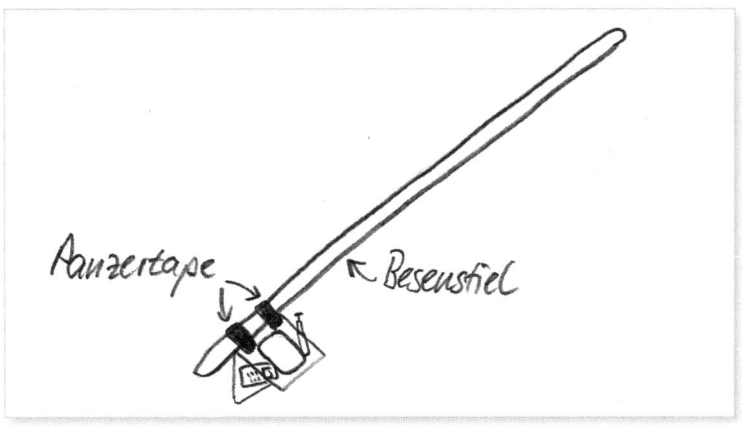

Mit eurem Besenstiel-Metalldetektor bewaffnet könnt ihr jetzt die Wiese im Freibad oder das Baggersee-Ufer absuchen und vielleicht ja sogar einen Schatz finden! In diesem Fall geht natürlich die Hälfte der Beute an mich – klar, oder?

SO FUNKTIONIERT ES

Wenn ihr euren Freunden erzählt, dass ihr einen Metalldetektor aus einem Radio und einem Taschenrechner gebaut habt, werdet ihr wahrscheinlich ziemlich ungläubige Gesichter zu sehen bekommen. Deshalb lohnt es sich auch zu wissen, was denn eigentlich passiert, damit das Gerät funktioniert.

Im Taschenrechner steckt eine Menge Elektronik. Ein Mikroprozessor beispielsweise sorgt für die richtige Berechnung der Eingaben. All diese elektronischen Bauteile erzeugen **elektromagnetische Wellen** – der gleiche Typ Wellen wie **Radiowellen**. Zum Teil liegen diese Wellen im Empfangsbereich des Radios. Der Taschenrechner ist also wie ein kleiner Radiosender, der zwar kein besonders spannendes Programm liefert, aber immerhin einen eindringlichen Ton. Wenn ihr das Radio jetzt ein bisschen »daneben« eingestellt habt, kann es den Ton des Taschenrechner-Senders nicht mehr richtig empfangen. Aber sobald ein Stück Metall in der Nähe ist, reflektiert es die elektromagnetischen Wellen und verstärkt so das Signal. Das Radio empfängt wieder einen Ton – und ihr wisst, dass Metall in der Nähe sein muss.

WIE EIN METALLDETEKTOR LEBEN RETTEN KANN

Im Jahre 1881 war James Garfield Präsident der USA. Bei einer Attacke wurde er angeschossen. Die Pistolenkugel drang tief in seinen Körper ein und weil Herr Garfield ein großer Mann war, konnten die Ärzte nicht genau herausfinden, wo denn nun das Geschoss stecken geblieben war.

Rettung kam vom Erfinder des Telefons: Alexander Graham Bell kannte sich gut mit elektrischen Schaltungen aus und hatte die Idee, einen einfachen Metalldetektor zu bauen – so ähnlich wie wir. Er konnte die Position der Kugel bestimmen und die Ärzte waren in der Lage, diese zu entfernen. Leider waren zu dieser Zeit die Hygienebedingungen so schlecht, dass Garfield einige Wochen später starb. Die Erfindung von Bell wurde trotzdem weiterentwickelt.

SUPERKRÄFTE SELBSTGEMACHT: EIN NACHTSICHTGERÄT AUS EINER ALTEN DIGITALKAMERA

anspruchsvoll

45 Minuten

Optik,
Elektromagnetische Wellen,
Optisches Spektrum

http://phils-physics.de/nachtsicht

mit Video

Auch wenn der Alltag eines Superhelden zugegebenermaßen recht stressig sein kann (Bösewichte bekämpfen, Welt retten …) – ein bisschen was von Superman & Co. hätte ich auch gerne: Superkräfte für meinen Nicht-so-ganz-Superhelden-Alltag. Wenn man beispielsweise in einer Dachgeschoss-Wohnung wohnt, muss man keine Treppen steigen, sondern kann vor dem Haus hoch fliegen und dabei dank Super-Muskeln gleich noch in jeder Hand einen Kasten Sprudel tragen. Auch die Fähigkeit, im Dunkeln zu sehen, kann sich als praktisch erweisen, wenn zum Beispiel eine Ratte im Superhelden-Keller ihr Unwesen treibt und diese tierschutzgerecht gefangen werden muss (ohne Einsatz des Hitzeblicks).

All diese Fähigkeiten werden unsere Körper wohl nie haben – aber hey, wir können uns Geräte basteln, die ziemlich nah dran kommen. Zum Beispiel ein Nachtsichtgerät aus einer alten Digitalkamera.

MATERIAL-LISTE

- Alte Digitalkamera (sollte noch funktionsfähig sein), 10€ bei eBay
- Kleine Schraubenzieher, um das Kamera-Gehäuse zu öffnen
- Eine Pinzette
- Infrarot-LEDs mit passenden Batterien aus dem Elektro-Markt, ab 10€
- Doppelseitiges Klebeband, um die Infrarot-LEDs an der Kamera zu befestigen

SO WIRD'S GEMACHT

Es gibt verschiedene Techniken, um Unsichtbares in der Dunkelheit sichtbar zu machen. Die Technik, die wir benutzen, ist ziemlich einfach: Wir machen Licht! Spezielles Licht allerdings, das ein Mensch nicht sehen kann – nur die umgebaute Digitalkamera. Dieses Zauberlicht heißt **Infrarotlicht**.

Eine Digitalkamera nimmt dieses Licht war. Glaubt ihr nicht? Hier kommt ein Test: Schnappt euch eine TV-Fernbedienung und richtet sie auf eine Digitalkamera. Handykamera tut's auch. Jetzt drückt ihr auf eine Taste – und im Kamerabild seht ihr einen violetten Fleck auf der Fernbedienung! Das ist Infrarotlicht. Für das Auge ist es unsichtbar, aber die Kamera kann es sehen – oder eben der Infrarot-Sensor am Fernseher. Falls das bei euch nicht klappt, versucht es mit einer anderen Fernbedienung oder einer anderen Kamera.

Das, was in der Fernbedienung Infrarotlicht erzeugt, ist eine **Leuchtdiode**. Im Elektro-Markt oder online könnt ihr euch für ein paar Euro solche *Infrarot*-LEDs besorgen, mit passender Batterie und Gehäuse. Die haben dann ein bisschen mehr Power als unsere Fernbedienung und wir können daraus unseren *Infrarot-Scheinwerfer* bauen!

Und mit diesem Infrarotlicht bauen wir jetzt ein Nachtsichtgerät. Stellt euch vor, wir wollen im Dunkeln sehen, ohne gesehen zu werden. Nichts leichter als das: Wir bauen einfach einen Scheinwerfer auf! »Moment«, sagt ihr jetzt, »dann sieht man uns doch!« – nicht, wenn der Scheinwerfer Infrarotlicht produziert! Denn das kann ja keiner sehen – außer unserer speziell umgebauten Kamera. Viel müssen wir gar nicht umbauen, denn die meisten Digitalkameras können, wie wir festgestellt haben, Infrarotlicht schon sehen.

WIE FUNKTIONIERT EINE DIGITALKAMERA?

Eine Digitalkamera ist eigentlich genau gleich aufgebaut, wie eine alte analoge Kamera: Es gibt ein Objektiv, das das einfallende Licht auf einen Foto-Chip projiziert. Dieser Chip hat viele kleine Sensoren. Die Sensoren können messen, welche **Wellenlänge** das Licht hat, das gerade auf sie trifft. Und weil die Sensoren nicht ganz genau gleich funktionieren wie unsere Netzhaut, können sie eben auch registrieren, wenn das für uns unsichtbare Infrarotlicht ankommt. Dann denkt die Kamera, das wäre »normales« (für den Menschen sichtbares) Licht und zeigt es auf dem Foto an.

Normalerweise wollen wir dieses Infrarotlicht aber gar nicht auf dem Foto haben. Deshalb ist in einer Digitalkamera auch ein *Infrarot-Filter* eingebaut. Das ist eine kleine durchsichtige Scheibe, die all das Licht durchlässt, das wir auch sehen können. Infrarotlicht lässt der Filter aber nicht durch.

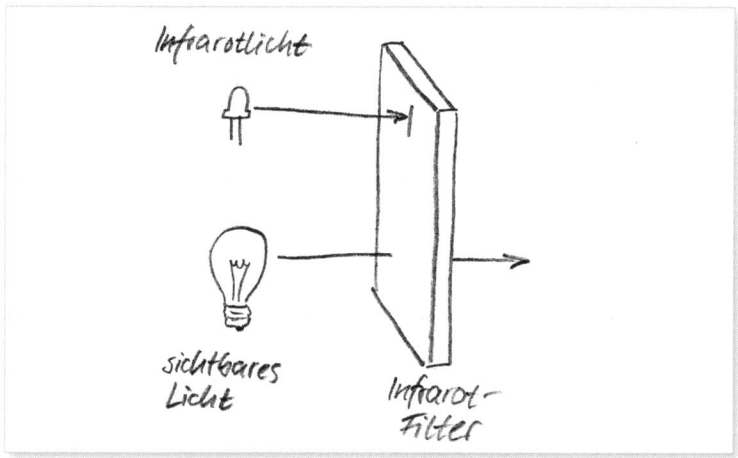

Damit unser Nachtsichtgerät optimal funktioniert, bauen wir diesen *Infrarot-Filter* aus. Wir wollen ja so viel Infrarotlicht wie möglich sehen, das von unserem *Infrarot-Scheinwerfer* in die Dunkelheit gestrahlt und von den Objekten dort reflektiert wird.

EIN KLEINER EINGRIFF IN DIE KAMERA

Am Gehäuse befinden sich mehrere Schrauben. Ihr braucht einen kleinen Schraubenzieher, um sie herauszudrehen. Vorsicht beim Aufklappen: manchmal sind Vorderteil und Hinterteil der Kamera mit Kabeln verbunden. Merkt euch, welches Teil wohin gehört, denn wir bauen die Kamera gleich wieder zusammen.

Als nächstes arbeiten wir uns zum Infrarot-Filter vor. Der sitzt zwischen dem Objektiv und dem Foto-Chip. Am besten führt ihr diese Operation an der offenen Kamera an einem sehr sauberen Ort durch, denn jedes Staubkorn, das in die Kamera gelangt, macht das Kamerabild trüber.

Wenn ihr den Infrarot-Filter gefunden habt, benutzt eine Pinzette, um ihn zu entfernen. Achtung: Der Foto-Chip liegt direkt darunter und ist sehr empfindlich. Er darf nicht berührt werden, sonst produziert die Kamera nachher nur noch Unsinn – und das ist ein anderes Experiment.

Wenn ihr den Infrarot-Filter erfolgreich herausoperiert habt, baut die Kamera wieder zusammen. Jetzt noch die Infrarot-LEDs so an der Kamera befestigen, dass diese direkt nach vorne leuchten – fertig!

Jetzt ist euer selbstgebautes Nachtsichtgerät einsatzbereit! Infrarot-LEDs einschalten und los geht's. Ihr könnt sogar ganze Nachtsicht-Videos aufnehmen, wenn die alte Digitalkamera einen Video-Modus hat. Vergesst nicht, hinterher die

Infrarot-LEDs auch wieder auszuschalten, um die Batterie zu schonen.

SO FUNKTIONIERT ES: WAS IST LICHT?

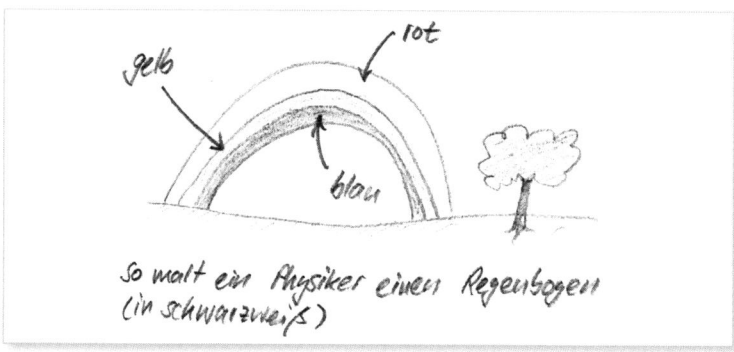

So malt ein Physiker einen Regenbogen (in schwarzweiß)

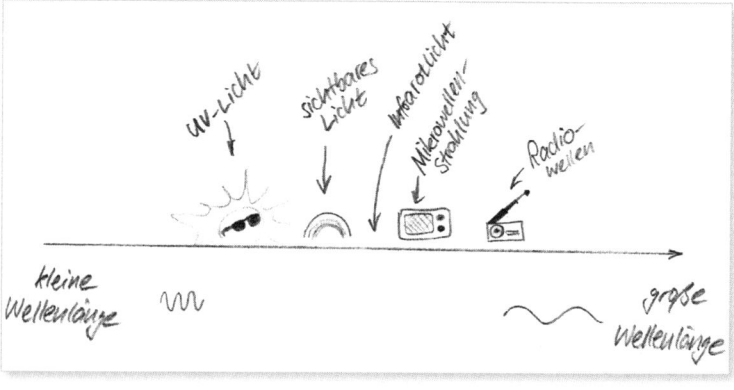

Warum nun konnten wir Bilder aufnehmen, die unser Auge gar nicht gesehen hat? Unsere Welt besteht aus Dingen mit vielen verschiedenen Farben. Rot, Grün, Blau, Magenta, Lilablassblau – alle Farben des Regenbogens eben. Und all diese Farben sind verschiedene Arten von Licht. Licht ist eine elektromagnetische Welle – etwas schwingt in verschiedenen Geschwindigkeiten hin- und her: ein **elektromagnetisches Feld**. Was verschiedene Lichtwellen (und damit verschiedene Farben) unterscheidet, ist ihre Wellenlänge. Blaues Licht hat zum Beispiel eine kleinere Wellenlänge als rotes Licht. Wir Menschen können nur einen bestimmten Bereich von Wellenlängen sehen: von rot bis blau. Das ist so ähnlich wie mit Schall: Da gibt es auch Töne, die so tief sind, dass wir sie nicht hören – zum Beispiel der Gesang von Blauwalen. Diese Töne haben eine große Schall-Wellenlänge und man nennt sie **Infraschall**. Dann gibt es noch wahnsinnig hohe Töne wie etwa das Quietschen einer Fledermaus. Auch das können wir nicht wahrnehmen. Solche Töne nennt man **Ultraschall**. Sie haben eine sehr kleine Schall-Wellenlänge – zu klein, um vom menschlichen Ohr wahrgenommen zu werden.

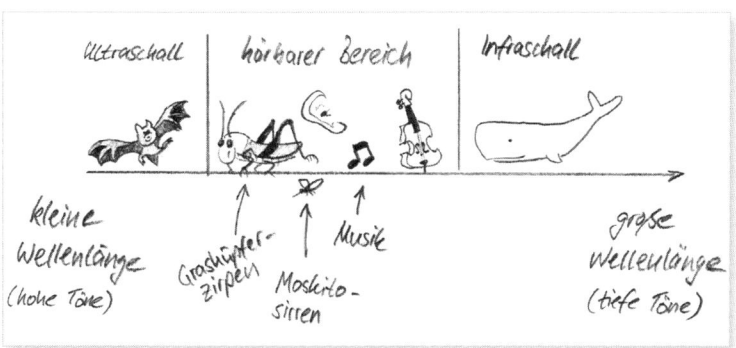

Genau dasselbe Prinzip gibt es bei Licht: Infrarotlicht hat eine so große Wellenlänge, dass wir es nicht sehen können. Am anderen Ende des Spektrums gibt es noch **Ultraviolett**. Das macht die Haut braun, ist aber für unser Auge unsichtbar. Ihr seht: »*infra*« heißt »*unterhalb*« und »*ultra*« steht für »*oberhalb*«. Infraschall und Infrarot liegen unterhalb des für Menschen wahrnehmbaren Bereichs. Ultraschall und Ultraviolett liegen darüber.

Und wenn wir jetzt eine Wellenlänge verwenden, die zwar die Kamera, nicht aber unser Auge sehen kann, dann haben wir – ein Nachtsichtgerät!

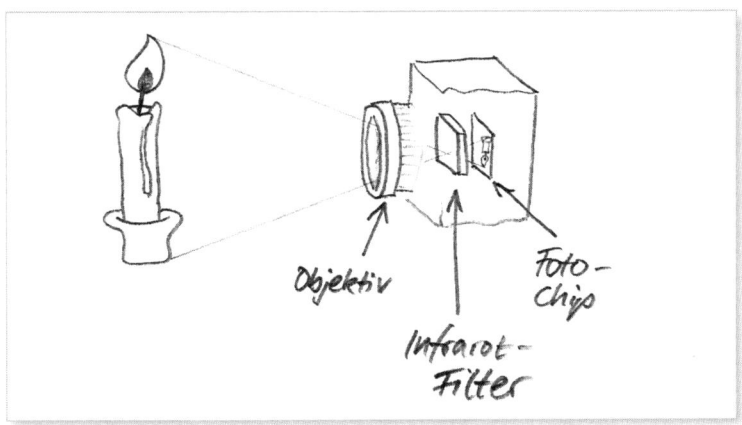

Objektiv

Foto-Chip

Infrarot-Filter

HABEN KATZEN EINGEBAUTE INFRAROT-SCHEINWERFER?

Vielleicht fragt ihr euch jetzt, wie Katzen eigentlich im Dunkeln sehen. Natürlich haben die keine Batterien oder Elektro-Tricks. Ihre Netzhaut hat einen eingebauten Lichtverstärker: Eine Schicht spiegelt das einfallende Licht, so dass es zweimal auf die Netzhaut fällt. So gesehen sind Katzen näher an Superman als wir.

BEAMER AUS EINEM SMARTPHONE

mittelschwer

45 Minuten

Optik, Linsen

http://phils-physics.de/beamer

mit Video

Früher waren Handys so groß wie ein Aktenkoffer. Richtige Klötze! Der Begriff »Mobiltelefon« war wahrscheinlich eher als Scherz gemeint, denn »mobil« war man mit so einem Teil im Rucksack nicht wirklich. Dann begann der Trend zur Miniaturisierung. Wer das kleinste Handy hatte, war der King. In letzter Zeit beobachte ich eine erneute Wende. Handys bekommen wieder größere Bildschirme – je mehr Pixel, desto besser. Manche Handyhersteller verkaufen neuerdings sogar Uhren, sogenannte Smartwatches. Mein Verdacht: Die Telefone sind inzwischen so unpraktisch groß, dass man eine Chance sieht, den Leuten zusätzlich solche Uhren zu verkaufen: damit man nicht bei jeder Message den Mobilklotz aus der Hosentasche angeln muss.

Trotz der größer werdenden Displays kann es ganz schön nervig sein, seine Freunde um das kleine Telefon zu versammeln, um ein paar Fotos oder einen kleinen Film zu zeigen. Toll wäre da doch ein kleiner Beamer, der den Bildschirm vergrößert und den Inhalt an die Wand projiziert. Nichts leichter als das!

MATERIAL-LISTE

- Smartphone (keine Angst, es wird nicht zerlegt)
- Schuhkarton, gibt's gratis beim Schuhhändler
- Lupe mit Durchmesser 5cm oder größer, 4 €
- große Büroklammer
- Federmesser / Cutter
- Schwarzes Klebeband, 3 €
- Schwarze Farbe (Sprühfarbe, dicker Filzstift, schwarzes Tonpapier geht auch), Preis: 3 €

SO WIRD'S GEMACHT

Der Schuhkarton wird das Gehäuse unseres Beamers. Wir müssen ihn aber erst ein bisschen vorbereiten. Im Inneren wird später das Smartphone und die Linse der Lupe positioniert, sodass in einem bestimmten Abstand ein scharfes Bild außerhalb der Box entsteht. Damit nur das Bild vom Smartphone zu sehen ist, sorgen wir erstmal dafür, dass keine störenden Reflexionen auftreten. Soll heißen: Wir machen das Innere der Box schwarz – so kann nichts reflektieren. Das könnt ihr entweder mit einem Filzstift oder Sprühfarbe machen oder ihr klebt das Innere mit schwarzem Tonpapier aus.

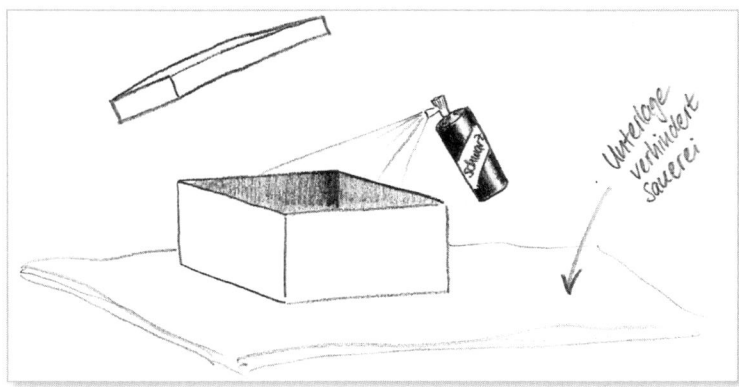

Als nächstes brauchen wir eine Öffnung im Schuhkarton, durch die das Bild nach draußen gelangen kann. In diese Öffnung kommt später die Linse. Am besten malt ihr den Umriss der Linse auf die Stirnseite und schneidet den Kreis dann mit dem Federmesser aus. Das Loch sollte gerade so groß werden, dass die Linse hinein passt, aber nicht viel größer – sonst kommt zu viel Licht neben der Linse aus der Box. Positioniert das Loch mittig auf der Stirnseite der Box.

Damit nicht zwischendurch der Saft ausgeht, ist es schlau, das Smartphone per Ladekabel mit Strom zu versorgen. Dazu macht ihr am hinteren Ende noch ein kleines Loch in den Karton.

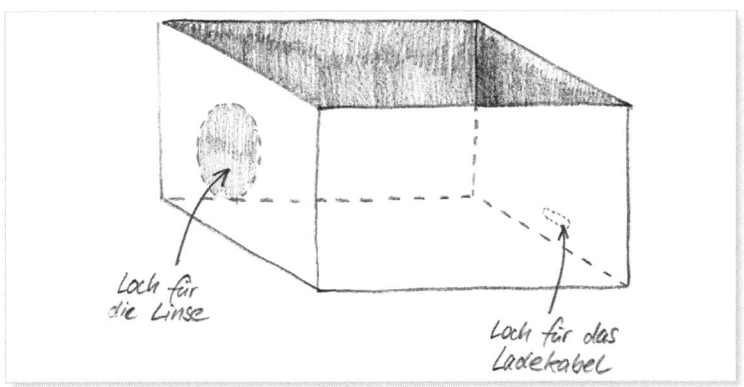

Loch für
die Linse

Loch für das
Ladekabel

Jetzt kommt das Herzstück unseres Beamers: die Linse. Falls die Lupe einen Griff hat, ist es besser, diesen zu entfernen. Je nach Modell lässt sich vielleicht der Rahmen der Linse abmachen.

Am leichtesten ist die Linse zu befestigen, wenn ihr sie von beiden Seiten am Rand mit schwarzem Klebeband befestigt. Dabei ist es nicht so schlimm, wenn 3-4 mm am Rand der Linse mit Klebeband bedeckt sind. Wichtig ist, dass die Linse fest sitzt und dass kein Licht durch Ritzen dringt.

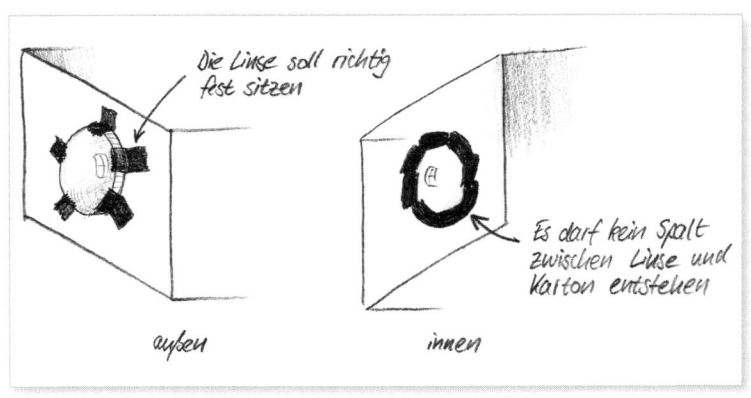

Die Linse soll richtig
fest sitzen

Es darf kein Spalt
zwischen Linse und
Karton entstehen

außen   innen

Als nächstes kommt ein kleiner Trick: Wir bauen einen Smartphone-Ständer aus der Büroklammer!

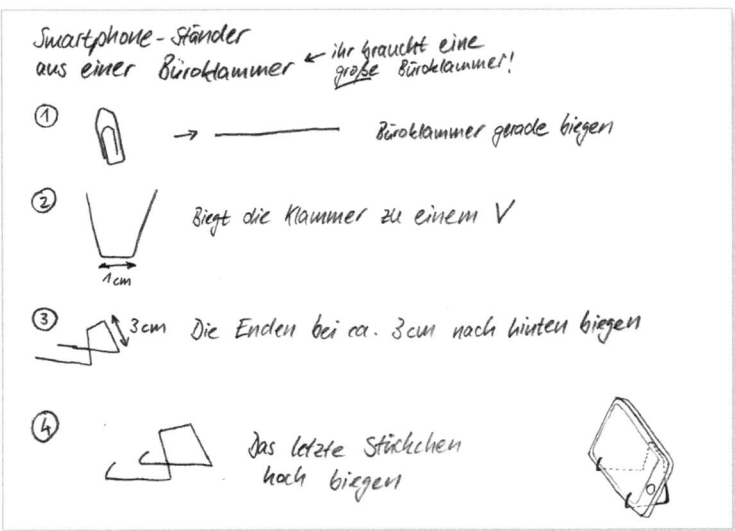

Falls euer Smartphone immer noch zu wackelig ist, könnt ihr auch eine Halterung aus Lego bauen.

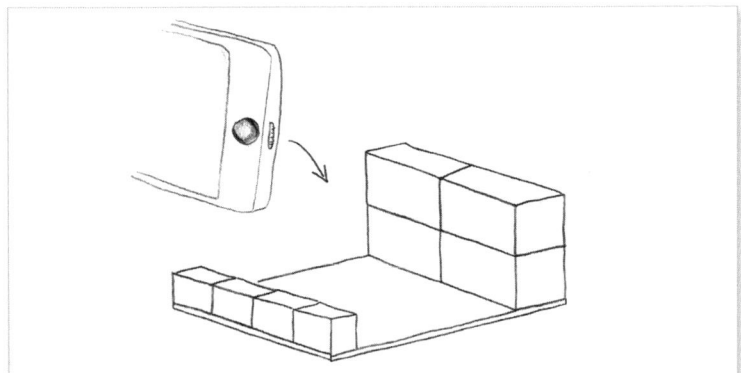

Wenn euer Smartphone sicher steht, müsst ihr als nächstes dafür sorgen, dass das Bild auf dem Kopf steht. Denn wenn das Licht gleich durch die Linse geht, werden die Strahlen umgedreht.

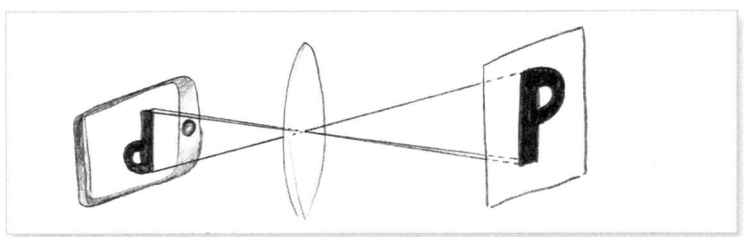

Steht also das Bild auf dem Smartphone Kopf, kommt es an der Wand richtig herum an. Je nach Modell eures Smartphones müsst ihr jetzt an den Einstellungen rumschrauben.

Beim iPhone geht das so:

Klickt euch durch zu »Einstellungen« ⇨ »Allgemein« ⇨ »Bedienungshilfen« ⇨ »AssistiveTouch« und stellt AssistiveTouch ein.

Jetzt habt ihr einen kleinen weißen Extra-Knopf auf dem Bildschirm. Dort könnt ihr drauf tippen und »Bildschirm drehen« auswählen.

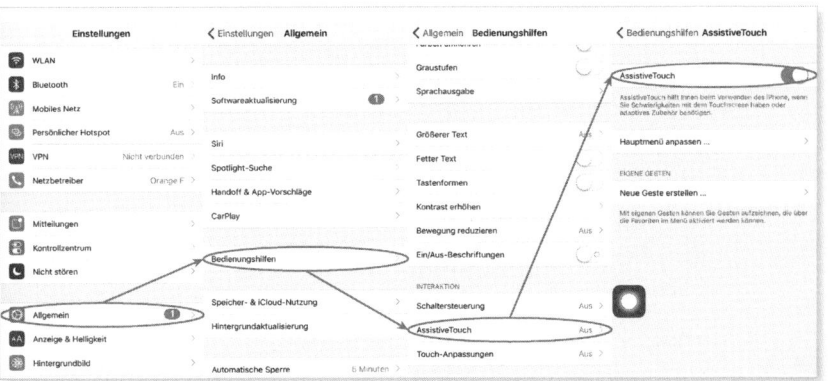

Bei Android-Smartphones gibt es die praktische App Ultimate Rotation Control.

Und wenn alles nichts hilft, müsst ihr schlimmstenfalls eben auf dem Kopf stehen ;-)

Außerdem solltet ihr noch die Bildschirmhelligkeit auf 100 % stellen, damit das Bild auf der Projektionsfläche gut zu sehen ist.

Der nächste Schritt hat endlich wieder ein bisschen mehr mit Physik zu tun. Wir stellen das Bild scharf. Der Abstand zwischen Linse und Smartphone (**»Gegenstandsweite«**) muss zum Abstand zwischen Linse und Projektionsfläche (**»Bildweite«**) passen. Das Verhältnis dieser beiden Abstände zueinander ist von Linse zu Linse unterschiedlich. Je näher das Smartphone an der Linse ist, desto größer wird auch der Abstand zwischen Linse und scharfem Bild. Damit wächst auch die Größe des projizierten Bildes.

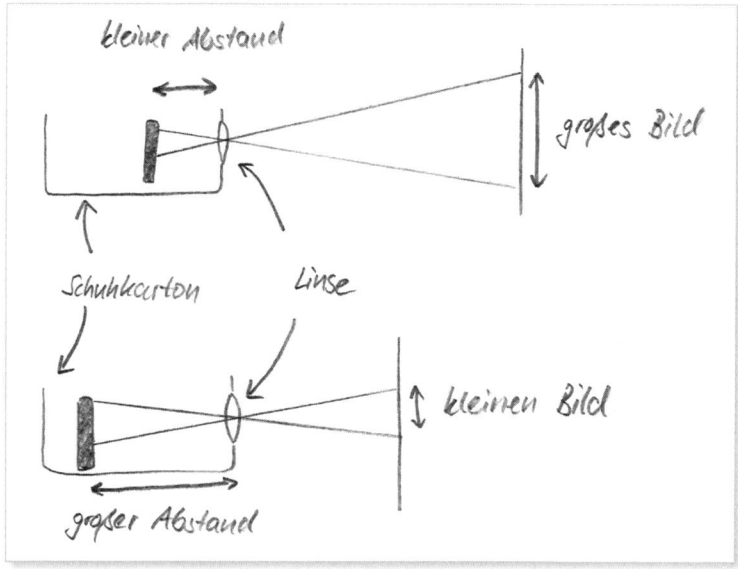

Wir positionieren das Smartphone im hinteren Drittel der Box. Dieser Abstand ist jetzt also fix. Dann müssen wir die richtige Entfernung zwischen Linse und Projektionsfläche finden – und zwar durch ausprobieren. Wandert also vor und zurück, bis das Bild an der Wand scharf ist. Ihr könnt die Schärfe feinjustieren, indem ihr die Position des Smartphones in der Box leicht verändert. So müsst ihr nicht jedes Mal die ganze Box hin und her schieben. Probiert einfach verschiedene Abstände aus, dann habt ihr das Scharfstellen schnell im Gefühl. Zu jedem Abstand zwischen Smartphone und Linse gibt es genau einen Abstand zwischen Linse und Projektionsfläche, für den das Bild scharf ist.

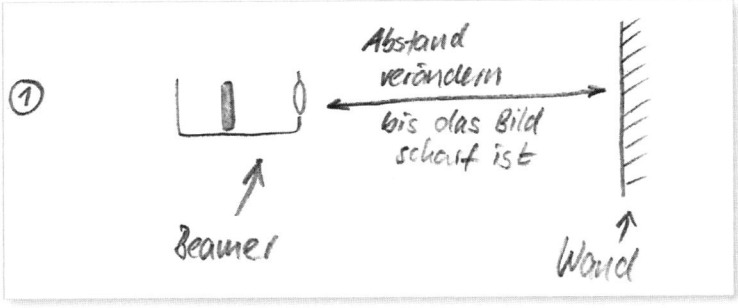

Jetzt ist der Projektor schon fast fertig für die große Show! Fehlt nur noch ein cooles Video oder eine Slideshow mit euren Urlaubsbildern. Dann noch Licht aus und los geht's.

Wenn euch das noch nicht genug ist, könnt ihr den Beamer nach Belieben weiter entwickeln und zum Beispiel ein Tablet oder gleich einen ganzen Computerbildschirm als Bildquelle nehmen. Dann braucht ihr natürlich eine größere Box – aber das Prinzip ist genau dasselbe!

SO FUNKTIONIERT ES: EIN MODERNER BEAMER

Vorbei sind die Zeiten von alten, ratternden Projektoren, bei denen ein belichteter Film durch einen Lichtstrahl lief! Es lebe der Beamer und die digitale Technik. Aber Moment mal – wie genau funktioniert denn eigentlich ein Beamer?

Das grundlegende Prinzip habt ihr schon kennen gelernt: Irgendwo gibt es ein Originalbild. Von diesem gehen Lichtstrahlen aus, die mit einem System von Linsen auf eine Projektionsfläche scharf gestellt werden. Vielleicht habt ihr euch schon mal gefragt, was genau denn da eigentlich passiert, wenn etwas »scharf gestellt« ist. Nehmen wir einfach das Bilder einer Kerze, das wir durch eine Linse auf eine Wand werfen und dann scharf stellen.

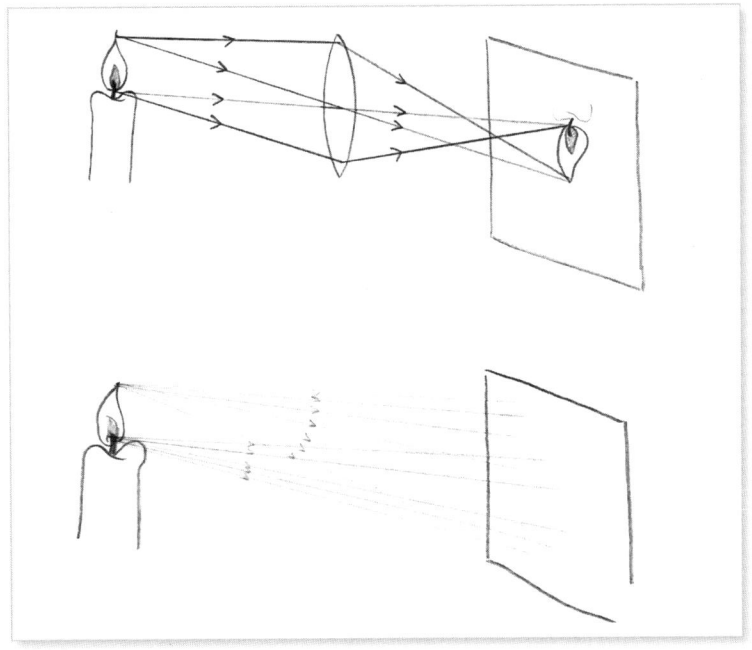

Von jedem Punkt der Kerzenflamme gehen in alle Richtungen Lichtstrahlen aus. Ohne Lupe sieht man deshalb natürlich auf der Wand nichts – denn ganz viele einzelne Strahlen werden wie wild überlagert. Klar, dass da nicht auf magische Weise das Bild einer Kerze entsteht.

Was passiert in der Linse, damit ein Bild entsteht? Das Zauberwort heißt **Brechung**. Lichtstrahlen werden beim Eintritt in die Linse leicht geknickt. Dasselbe passiert noch einmal beim Austritt. Die Linse hat eine spezielle Form, die dafür sorgt, dass die Lichtstrahlen nicht alle auseinander laufen, sondern gebündelt werden. Alle Lichtstrahlen, die von der Spitze der Kerze kommen, landen so wieder am selben Punkt auf der Wand. So entsteht das Bild.

Beim Scharfstellen geht es darum, die richtige Kombination für die Abstände zwischen Linse und Kerze und zwischen Linse und Wand zu finden. Ist der richtige Abstand eingestellt, schneiden sich die Lichtstrahlen von den einzelnen Punkten auf der Kerze auch in einzelnen Punkten auf der Wand.

Ein toller Nebeneffekt: Das Bild wird größer! Denn je nach Linsenform werden die Strahlen stärker oder schwächer gebrochen.

Allerdings kann das Bild auch etwas verzerrt werden. In einem Profi-Beamer steckt deswegen nicht nur eine Linse, sondern ein kompliziertes System aus Linsen. Damit erscheint das Bild wirklich unverzerrt auf der Leinwand.

Moment mal ... welches Bild eigentlich? Eine Kerze steckt ja nicht im Beamer. Allerdings auch kein kleiner Bildschirm, wie bei unserem Smartphone-Projektor. Die meisten Beamer haben gleich drei lichtdurchlässige Displays eingebaut. Einen für die Farbe rot, einen für grün und einen für blau. Aus diesen drei Farben lassen sich alle anderen Farben mischen! Wenn ihr bei der nächsten Gelegenheit mal ganz nah an die Leinwand herangeht und euch das Bild anschaut, werdet ihr die einzelnen Punkte sehen.

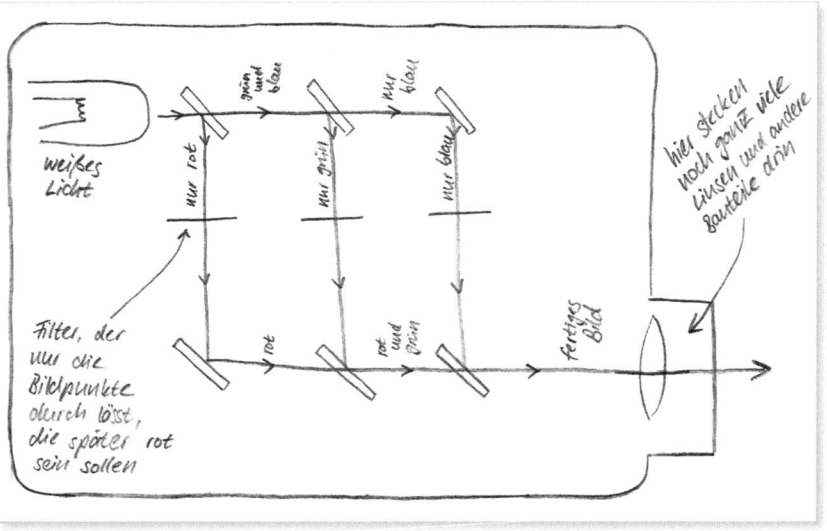

Im Beamer wird also ein helles Licht von einer richtig starken Lampe erzeugt, das dann auf drei verschiedenen Wegen durch die Farbfilter läuft. Dort werden nur die Bildpunkte durchgelassen, die rot, grün oder blau werden sollen. Als nächstes laufen die Strahlen wieder zusammen und ergeben das fertige Bild, das dann noch ein paar Linsen durchläuft, bis es auf der Leinwand ankommt.

Ein großer Unterschied zu unserem Beamer ist die Leuchtkraft der Lampe. Sie ist in einem professionellen Beamer so stark, dass man sogar einen Lüfter braucht, da es sonst zu heiß werden würde. Die große Helligkeit ist nötig, weil das projizierte Bild auf der Leinwand normalerweise ziemlich groß ist. Ihr könnt euch vorstellen, dass die Energie der Lampe so auf einer großen Fläche verteilt werden muss. Je größer die Fläche (also das Bild auf der Leinwand), desto weniger Energie kommt an den einzelnen Punkten an und desto schwächer erscheint das

Bild. Das war auch der Grund, warum wir auf dem Smartphone die Bildschirmhelligkeit auf »maximal« gestellt haben. Obwohl unser Beamer »Marke Eigenbau« etwas zu schwach für einen Kinosaal ist – für eine kleine Home-Show reicht es allemal. Und eure Freunde werden total von den Socken sein.

MEISTER DES LICHTS: MAGISCHE PHOTONEN ZÄHMEN – MIT EINER CD!

mittelschwer

30 Minuten

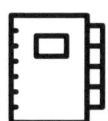

Optik, Photonen,
Optisches Spektrum,
Wellenlänge, Beugung,
Brechung

http://phils-physics.de/spektroskop

Habt ihr euch schon mal gefragt, was Licht eigentlich ist? Blöde Frage - Licht ist, wenn's hell ist. Oder? Was wäre, wenn Licht aus zauberhaften Teilchen besteht, die durch die Gegend schwirren? Und wenn diese Teilchen ganz anders drauf sind als zum Beispiel ein Tennisball? Diese Teilchen sind gleichzeitig wie eine Welle, die **reflektiert** wird und sich mit anderen zusammen tut, um eine neue Welle zu bilden - verrückt? Willkommen in der magischen Welt der **Photonen**! Photo-Was? Photonen – so nennt man die Bestandteile des Lichts. Habt ihr mir nicht geglaubt, dass Licht wirklich aus wellenartigen Teilchen besteht? Das ist auch kaum zu glauben – aber ihr könnt es selbst ausprobieren! Dazu braucht man gar nicht viel. Die Hauptzutat habt ihr wahrscheinlich schon zu Hause: eine CD! !

MATERIAL-LISTE

- Schuhkarton oder Müsli-Karton
- Eine alte CD (möglichst kratzerfrei – aber vielleicht nicht eure Lieblings-CD, denn wir werden sie in der Mitte durchschneiden), ein Rohling aus dem Supermarkt tut's auch
- Geodreieck und Bleistift
- Schere und Klebstoff, falls vorhanden: Teppichmesser/Cutter
- Schwarzes Klebeband
- Lampe (Schreibtischlampe, Taschenlampe oder irgendeine andere Lichtquelle)

SO WIRD'S GEMACHT - LICHT-SORTIER-MASCHINE

Wenn Licht aus wellenartigen Teilchen besteht, dann haben diese Wellen auch eine Wellenlänge – das ist der Abstand von einem Wellenberg zum anderen (mehr dazu übrigens in Kapitel »Nachtsicht-Kamera«). Die Photonen schwingen wie eine Welle. Verschiedene Wellenlängen nehmen wir als verschiedenen Farben wahr. Und weißes Licht besteht aus ganz vielen verschiedenen Wellenlängen und damit Farben – glaubt ihr das nicht? Mit unserem Experiment können wir das jetzt beweisen.

EXPERIMENT: LICHT-SORTIER-MASCHINE

Wir bauen uns ein Gerät, mit dem ihr weißes Licht in seine verschiedenfarbigen Bestandteile sortieren könnt. Und wir werden damit noch einen überraschenden Versuch mit eurem Smartphone-Display machen!

Damit gleich alles einfach ist, könnt ihr von außen mit einem Stift Markierungen auf die Seite der Box machen, so wie in der Abbildung unten. An das eine Ende kommt ein dünner Schlitz, durch den nachher das Licht in die Box fällt. 9,5 cm entfernt davon bauen wir das Beobachtungs-Fenster ein. Die CD sollte 7 cm unterhalb von der Seite mit den Öffnungen befestigt werden. Entweder baut ihr in diesem Abstand einen Zwischenboden ein, oder ihr steckt die CD durch zwei Schlitze in diesem Abstand, so wie in der Abbildung.

Jetzt ist euer Bastelgeschick gefragt. Der schmale Schlitz ist eine Herausforderung. Am einfachsten geht das, wenn ihr zuerst mit dem Teppichmesser/Cutter einen etwas größeren Schlitz in den Karton schneidet und diesen dann mit schwarzem Klebeband wieder von beiden Seiten zuklebt – nur eben nicht ganz. In der Mitte sollte nur ein hauchdünner Spalt frei sein – weniger als einen Millimeter groß.

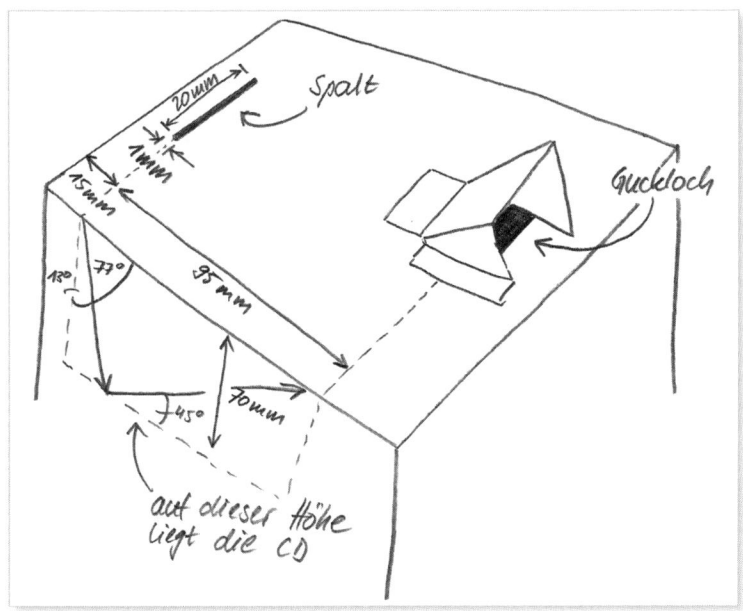

Als nächstes knöpfen wir uns die CD vor. Die kommt wie in der Abbildung gezeigt, 7 cm unterhalb vom Lichtschlitz in den Karton. Die schillernde Unterseite der CD zeigt nach oben. Licht, das durch den Spalt einfällt, sollte auf möglichst viel CD-Fläche treffen. Eventuell müsst ihr an der Seite einen Schlitz in den Karton schneiden, damit die CD reinpasst. An diesen Stellen lieber mit dem schwarzen Klebeband Lücken abdichten, so dass kein ungewünschtes Licht in den Karton fällt. Am besten klebt ihr die CD dann sauber mit Klebeband fest.

Oberhalb der CD kommt im letzten Schritt ein Beobachtungsfenster. Das sollte möglichst klein sein, gerade so groß, dass ihr die CD sehen könnt. Und damit euch das Licht nicht blendet, könnt ihr einen kleinen Schirm vor das Beobachtungsfenster bauen. Mit einer Ladung Klebeband und Karton geht das ganz einfach.

Jetzt ist unser Messgerät fertig! Und weil es ein richtig wissenschaftliches Gerät ist, bekommt es auch einen richtig wissenschaftlichen Namen: *Spektroskop*. Los geht's! Schnappt euch eine Lampe und lasst sie durch den Spalt scheinen. Achtet darauf, dass ihr nicht von der Lichtquelle geblendet werdet. Jetzt könnt ihr durch das Fenster schauen und einen wunderschönen Regenbogen beobachten!

Wenn ihr nur ein verschwommenes Chaos seht, versucht den Schlitz zu verbessern, durch den das Licht einfällt. Er muss ganz schmal sein und möglichst gerade. Eventuell müsst ihr auch die Lichtquelle vor dem Spalt ein bisschen hin und her bewegen, bis ihr die optimale Position gefunden habt. Dann könnt ihr einen schillernden Regenbogen sehen.

Dieser Regenbogen ist das **Spektrum** eurer Lichtquelle. Das Spektrum besteht aus allen Wellenlängen, die zusammen weißes Licht ergeben. Daher kommt auch der Name für das Messgerät, Spektroskop.

Nachdem ihr die vielen verschiedenen Farben bestaunt habt, die in eurer Glühbirne stecken, könnt ihr jetzt noch einen spannenden Versuch machen. Stellt die Bildschirmhelligkeit eures Smartphones auf maximale Leistung und sorgt dafür, dass der Bildschirm möglichst weiß ist (die Startseite von Google tut's im Notfall). Jetzt könnt ihr euren Handy-Bildschirm als Lichtquelle nehmen. Dabei sieht man etwas Überraschendes: Das Spektrum ist auf einmal nicht mehr so schön bunt wie bei einem Regenbogen, sondern man sieht nur ein paar farbige Flecken! Schaut mal genau hin: Sie haben die Farben rot, grün und blau. Natürlich ist das kein Zufall. Denn das Display von eurem Handy ist aus ganz vielen winzigen roten, grünen und blauen Lämpchen aufgebaut. Die sind so klein, dass man sie fast nicht sehen kann. Die kleinen Punkte verschwimmen vor dem Auge. Und wenn man die drei Farben im richtigen Verhältnis mischt, entsteht der Eindruck, der Bildschirm wäre weiß, orange, magenta, lila-blass-blau ... und so weiter. Erst unser CD-Spektroskop enttarnt diese Illusion.

SO FUNKTIONIERT ES

Wann werden die verschiedenen Farben, aus denen weißes Licht besteht, sichtbar gemacht? Wie schafft das eine CD? Betrachten wir zuerst einmal, wie eine CD aufgebaut ist.

WO IST DIE MUSIK AUF DER CD?

Wenn ich mit meinen Eltern in den Urlaub gefahren bin, hatten wir oft eine ganze Kiste mit CDs dabei: Hörbücher, Musik, Comedy – das war super praktisch, denn auch eine 10-Stunden-Fahrt nach Italien wird einigermaßen erträglich, wenn man gute Unterhaltung an Bord hat. Und all diese Stunden der heiteren Beschallung passen auf ein paar kleine Scheiben, die lustig schimmern. Faszinierend, oder? Wobei: CDs sind ja schon eigentlich nicht mehr ganz zeitgemäß. Laptops haben heutzutage meistens kein CD-Laufwerk mehr eingebaut. USB-Sticks & Co. sind schneller und haben mehr Speicherkapazität. Noch altmodischer als CDs sind Schallplatten. Riesige Scheiben mit Rillen drauf, durch die eine Nadel fährt. Die Rillen sind in einer großen Spirale angeordnet, durch die dann die Nadel einmal von außen nach innen fährt. In den Rillen sind kleine Erhebungen, die von der Nadel an den Lautsprecher weiter gegeben werden.

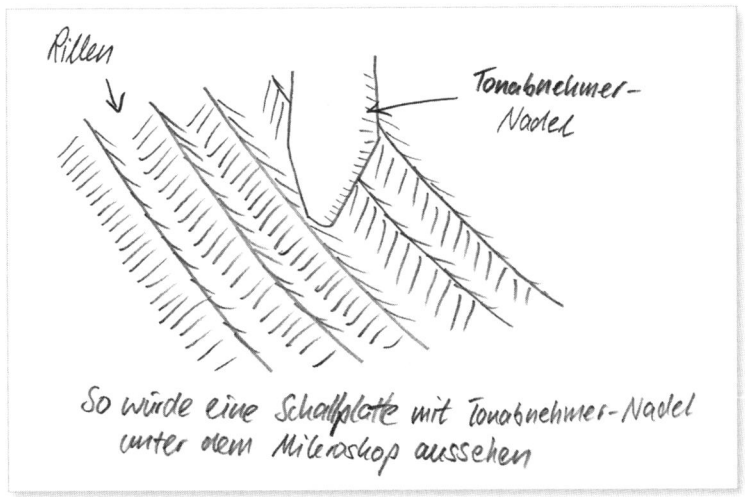

So würde eine Schallplatte mit Tonabnehmer-Nadel unter dem Mikroskop aussehen

Die »Schall-Information« ist also in den Erhebungen codiert. Bei einer CD ist das ganz ähnlich. Auch da gibt es Rillen, die eine große Spirale über die ganze CD bilden. Die Rillen werden nicht von einer Nadel, sondern von einem Laserstrahl abgetastet. Einen Laserstrahl kann man viel kleiner hinbekommen, als so eine Schallplattennadel. Deshalb passt auf eine CD viel mehr drauf, als auf so eine riesige schwarze Schallplatte. Würde man die Spirale, die auf der CD eingeprägt ist, auseinander rollen, wäre sie sechs Kilometer lang! So eng beieinander sind die Spuren. Mit dem bloßen Auge ist das schon gar nicht mehr zu sehen. Die Frage ist jetzt: Wie sind die Daten in den »Rillen« der CD gespeichert? Anders als bei der Schallplatte sind auf einer CD nicht die Schwingungen einer Tonaufnahme eingeprägt, sondern der Inhalt liegt digital vor - also als Einsen und Nullen.

Diese Einsen und Nullen sind mit kurzen und langen Vertiefungen in den Rillen codiert.

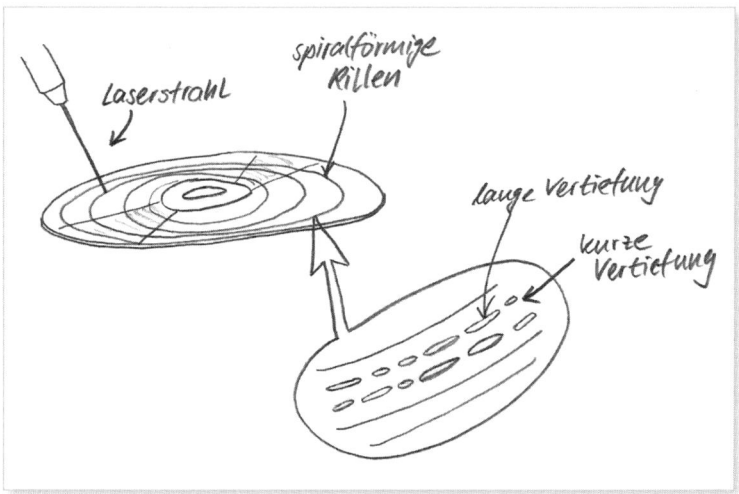

Der Laserstrahl kann das abtasten und ein Computer rechnet dann aus den Einsen und Nullen Musik, Hörbücher oder auch Daten für ein Computerspiel.

WIE EINE CD LICHT SORTIEREN KANN

Jetzt wird's spannend – denn wir nutzen aus, dass die Strukturen auf einer CD so wahnsinnig klein sind. Warum das wichtig ist? Erinnert ihr euch noch an die Photonen? Genau, die Licht-Wellen-Teilchen. Und an ihre Wellenlänge?

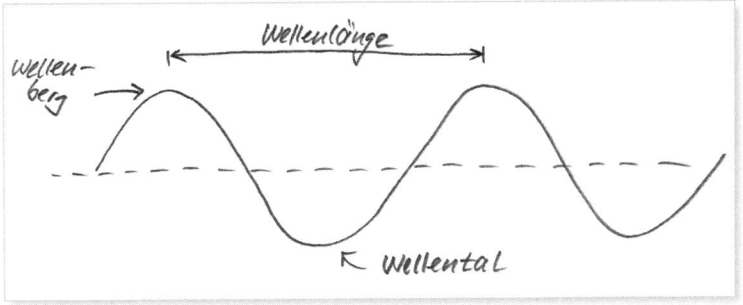

Verschiedene Wellenlängen nehmen wir als verschiedene Farben wahr. Weißes Licht aus der Glühbirne ist ein wilder Mix aus allen möglichen Wellenlängen, die zusammen weiß ergeben. Und jetzt kommt's: Die Wellenlänge von Licht ist in etwa so groß wie die Strukturen auf einer CD. Wenn Licht auf solche kleinen Rillen trifft, die ähnlich groß sind wie die Wellenlänge, dann passieren lustige Effekte. Genau das können wir auch bei einer CD beobachten. Trifft Licht auf Materie, passieren verschiedene Effekt: Es wird gebeugt, wenn es an Hindernissen vorbei muss, zum Beispiel an so einer Vertiefung in der CD), das bedeutet, es wird abgelenkt. An bestimmten Flächen (z.B. einem Spiegel) wird es zurückgeworfen, reflektiert. Und wenn es von einem Material in ein anderen übergeht, wird es »gebrochen«: es ändert seine Richtung. Das habt ihr vielleicht schon mal im Schwimmbad gesehen: Eine Stange, die ins Wasser ragt, scheint einen Knick zu haben, weil das Licht, das die Stange reflektiert, an der Wasseroberfläche gebrochen wird Der Clou ist: Bei allen diesen Effekten kommt es auf die Wellenlänge des Lichts an. Je größer die Wellenlänge, desto stärker wird das entsprechende Licht z.B. abgelenkt. Das bedeutet, dass zum Beispiel blaues Licht (kleine Wellenlänge) weniger stark abgelenkt wird, als rotes Licht (große Wellenlänge). Und das machen wir uns bei unserem CD-Spektroskop zu Nutze: Wenn das Licht verschieden abgelenkt wird, wird es auseinander sortiert und man sieht die einzelnen Wellenlängen einzeln – wie ein bunter Regenbogen.

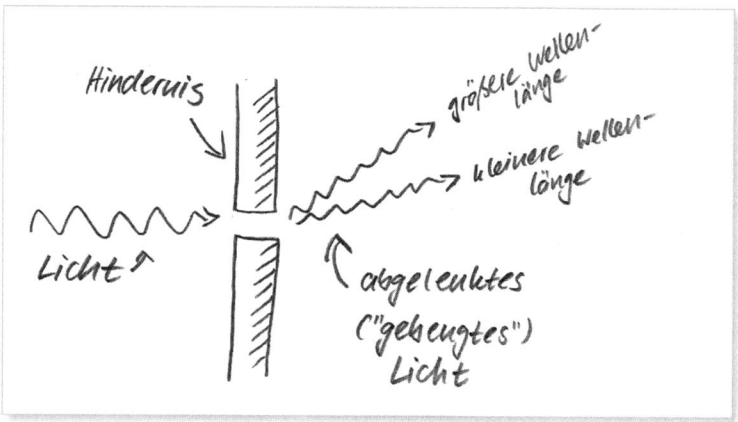

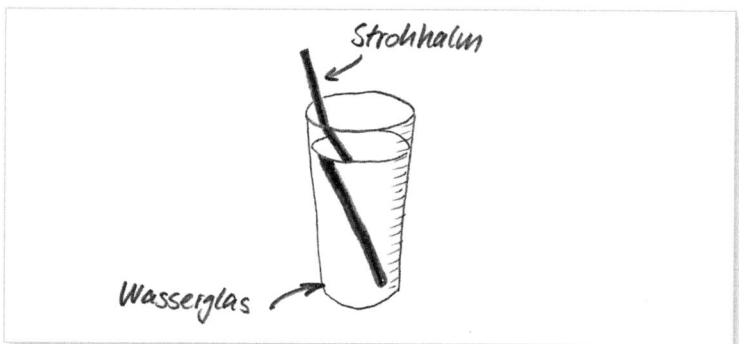

ENTSTEHT EIN REGENBOGEN AM HIMMEL AUCH DURCH CDS?

Das Prinzip ist gleich: Sonnenlicht, das sich aus ganz vielen verschiedenen Wellenlängen zusammensetzt, wird in seine verschiedenen Wellenlängen-Bestandteile aufgeteilt. Beim Regenbogen ist die Ursache Brechung und **Reflexion**. Wenn das Sonnenlicht in die Regentropfen fällt, wird der Lichtstrahl an der Hinterseite des Tropfens reflektiert und dann beim Austritt noch einmal abgelenkt.

Und auch hier ist der Witz, dass verschiedene Wellenlängen unterschiedlich stark reflektiert und gebrochen werden. Die verschiedenen Wellenlängen-Anteile rücken also zweimal ein Stück auseinander, was den Effekt verstärkt.

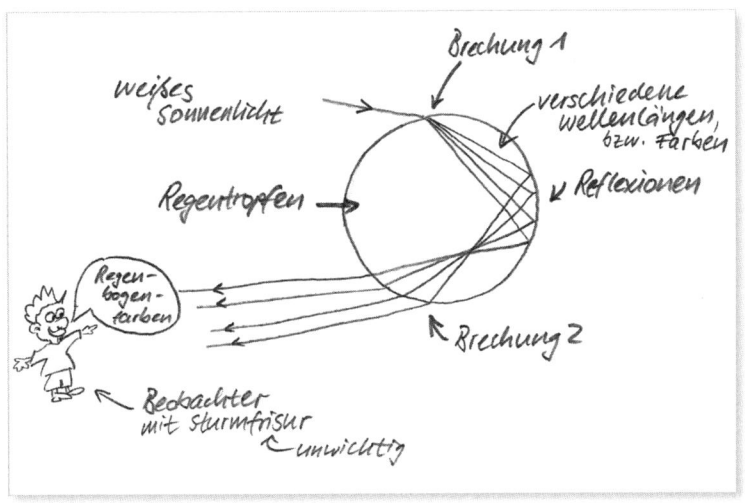

Bei unserem Spektroskop waren dafür die klitzekleinen Strukturen auf der CD verantwortlich. Die haben das Licht durch **Beugung** aufgeteilt. Das Licht, das der einzelne Regentropfen also reflektiert, ist »aufgefächert« und nach Wellenlängen »sortiert«. Weil jede Wellenlänge einer Farbe entspricht, sehen wir einen bunten Regenbogen mit getrennten Farben.

BLU-RAY

Bonus-Info für Klugschiss-Fans: Warum passt auf eine Blu-Ray ein Kinofilm in Full HD und auf eine olle CD gerade mal 74 Minuten Musik? Die Antwort liegt schon im Namen der Blu-Ray: »blauer Strahl«. Gemeint ist damit ein blauer Laserstrahl. Eine typische CD wird mit einem roten Laser abgetastet. Blaues Laserlicht hat eine viel kleinere Wellenlänge als rotes. Weil die Wellenlänge viel kleiner ist, können auch die Strukturen auf der Scheibe kleiner sein – also passt mehr drauf!

Wow – ihr habt dieses Kapitel geschafft. Jetzt seid ihr echte Meister des Lichts! Möge die Photonen-Macht mit euch sein.

STROM AUS MÜNZEN

mittelschwer

20 Minuten

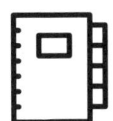

Energie, Stromkreislauf, Ionen

http://phils-physics.de/strom

Eines Tages wird es soweit sein. Die Zivilisation bricht zusammen. Alles, was wir im Alltag gedankenlos benutzen, funktioniert nicht mehr: Handy, Radio, Supermarkt. Und als erstes wird es eins: dunkel. Die Steckdosen sind tot, die Elektrizität ist weg. Nur wer clever ist, überlebt.

Okay, das ist eher ein Schreckens-Szenario, das ich hier nicht weiter ausbreiten will – aber nur mal so für den ganz hypothetischen Fall: Wie könnte man sich denn alleine versorgen? Geld hilft ja nix mehr im Katastrophenfall. Obwohl: Cent-Münzen sind doch zu was nutze! Zusammen mit Zitronen und ein paar anderen einfachen Mitteln könnt ihr damit selbst Strom erzeugen!

MATERIAL-LISTE

- ✔ Ca. 5 verschiedene Cent-Münzen, weniger als 1 €
- ✔ Ca. 5 verzinkte Unterlegscheiben, weniger als 1 €
- ✔ Eine Zitrone, weniger als 1 €
- ✔ Löschpapier, weniger als 1 €
- ✔ Ein Stück Alufolie, weniger als 1 €
- ✔ Bunte LED aus dem Elektro-Markt, 1 €
- ✔ Schere
- ✔ Paketklebeband
- ✔ Sandpapier, weniger als 1 €
- ✔ Kleine Schale

SO WIRD'S GEMACHT

Wir bauen uns unsere eigene kleine Batterie. Schneidet dazu das Löschpapier in quadratische Stücke, die ein bisschen größer als die Münzen sind. Ihr braucht so viele Löschpapier-Quadrate, wie ihr Münzen habt.

Presst die Zitrone in die kleine Schale aus. Es macht nichts, wenn die Kerne mitkommen – der Saft dient nicht der Erfrischung, sondern als saure Chemikalie für unsere Batterie. Weicht die Löschpapier-Stücke im Zitronensaft ein.

Schneidet ein rechteckiges Stück Alufolie zurecht, das so breit ist wie ein Löschpapier-Quadrat und etwa doppelt so lang.

Jetzt basteln wir unseren »Power-Tower«. Zuunterst kommt das Stück Alufolie. Dann eine Unterlegscheibe, gefolgt von einem zitronensaftgetränkten Stück Löschpapier und einer Cent-Münze.

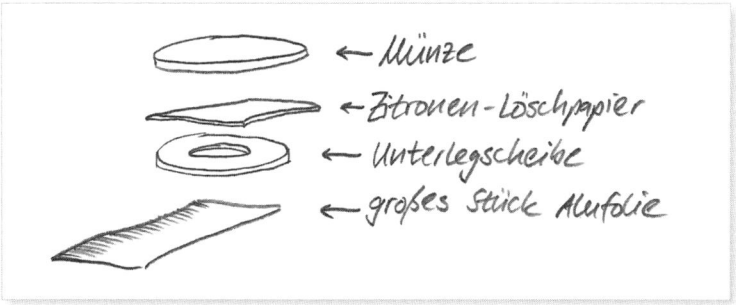

← Münze
← Zitronen-Löschpapier
← Unterlegscheibe
← großes Stück Alufolie

Die letzten drei Schichten wiederholen wir jetzt ein paarmal: Unterlegscheibe, Löschpapier, Cent-Münze. Achtung: Auf die Cent-Münze kommt kein Löschpapier!

Wenn ihr drei Lagen aus Unterlegscheibe, Löschpapier und Cent-Münze aufeinander gestapelt habt, sollte eure Batterie schon genug Power haben! Schließt die LED an die Batterie an, indem ihr einen Kontakt auf die Alufolie haltet und den anderen auf die oberste Münze biegt.

Falls sich nichts tut, könnt ihr versuchen, die Münzen ein bisschen zu polieren. Dazu eignet sich beispielsweise Sandpapier.

SO FUNKTIONIERT ES

Wie kann es sein, dass man drei verschiedene Materialien zusammenbringt und auf einmal fließt Strom? Erst mal kurz: Was ist überhaupt Strom? Wenn irgendwo ein Strom fließt, dann bewegen sich elektrische Ladungsträger von A nach B. Meistens sind das Elektronen, negativ geladene Teilchen. Und warum sollte Strom fließen? Ein elektrischer Strom entsteht immer, wenn ein Ladungsungleichgewicht herrscht. Wenn also an einer Stelle mehr Elektronen sind (hier ist dann der Minuspol), als an einer anderen Stelle (das wäre der Pluspol).

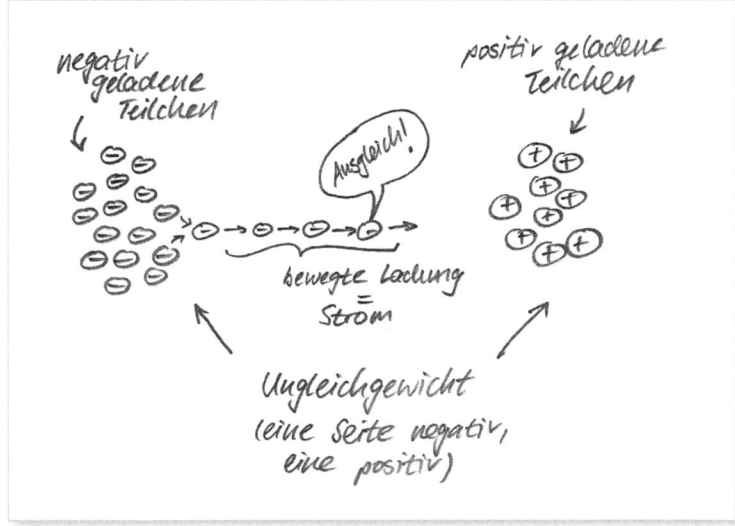

In unserem Fall liegt die Magie in den **Metallen**. Die Cent-Münzen haben eine Kupfer-Ummantelung und die Unterlegscheiben sind mit Zink beschichtet. Diese Metalle haben Kontakt zur Zitronensäure. Die Säure greift die Metalle an und entzieht ihnen Teilchen. Die Teilchen sind positiv geladen. (Geladene Teilchen nennt man auch **Ionen**). Allerdings ist Kupfer ein edleres Metall als Zink. Das bedeutet, dass die Zitronensäure aus Kupfer weniger positiv geladene Teilchen herausbekommt, als aus Zink.

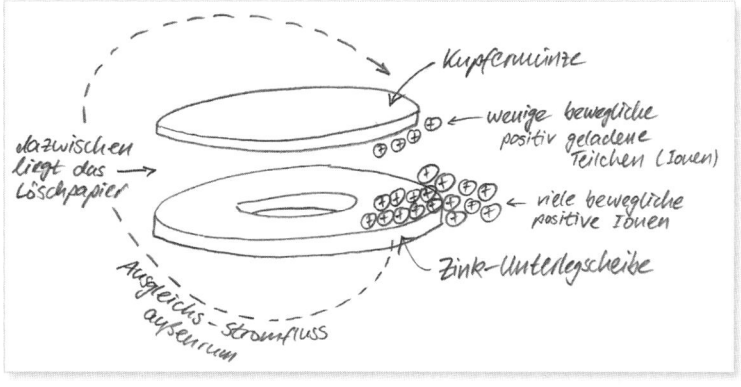

Was passiert? Weil dem Zink mehr positive Ladung fehlt als dem Kupfer, entsteht ein Ladungsungleichgewicht. Das Zink wird zum Minuspol und der Kupfer zum Pluspol. Der einzige Weg, dieses Ungleichgewicht aufzuheben, ist elektrischer Strom! Und der fließt, sobald der Stromkreis geschlossen ist – wenn die Ladungsteilchen also »einmal rum« fließen und den Ladungsunterschied so ausgleichen können. Der Stromkreis ist geschlossen, sobald wir die LED an die beiden Enden anschließen! Natürlich muss der Strom unterwegs die LED zum Leuchten bringen, aber schon eine Schicht aus drei Münzen mit Unterlegscheiben und Löschpapier reicht aus, um das zu schaffen. Je mehr Schichten ihr auf den Batterie-Turm stapelt, desto mehr Strom kann fließen.

ZITRONEN-BATTERIE-CHALLENGE

Ihr könnt jetzt das Klebeband benutzen, um euren »Strom-Turm« zu befestigen. Wickelt ordentlich Klebeband außenrum, sodass nichts verrutscht und die LED-Drähte an Ort und Stelle bleiben. Jetzt habt ihr ein Dauerlicht, das bis zu mehreren Stunden lang leuchten kann! Stoppt doch mal die Zeit und schreibt mir euren Rekord als Kommentar auf die Website zu diesem Experiment (Link am Anfang des Kapitels)..

STECKT IN EINER GEKAUFTEN BATTERIE AUCH EINE ZITRONE?

Eine chemische Reaktion kann also elektrische Energie freisetzen. Passiert das auch in einer handelsüblichen Batterie? Ja! Der einzige Unterschied besteht in den Materialien, die in einer Batterie verbaut sind. Viele Batterien bestehen aus Zink und Mangandioxid. Was bei uns die Zitronensäure war, ist in handelsüblichen Batterien eine konzentrierte Kalilauge.

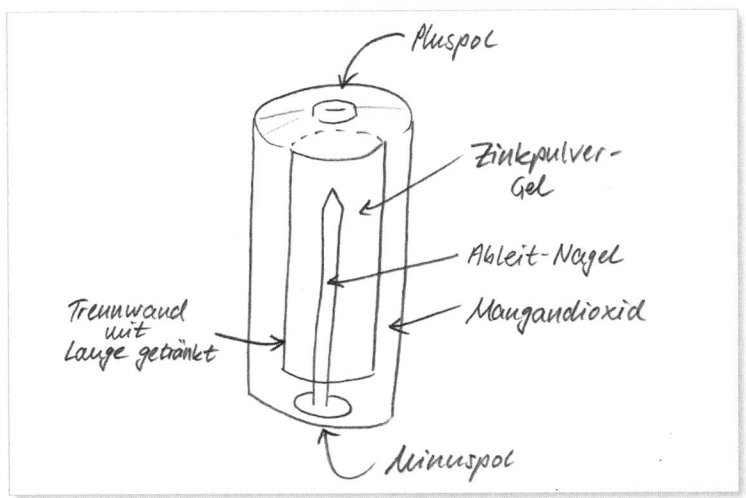

Pluspol

Zinkpulver-Gel

Ableit-Nagel

Mangandioxid

Treunwand mit Lauge getränkt

Minuspol

Die Lauge greift nun die Metalle an und löst (im Gegensatz zur Zitronensäure) negativ geladene Teilchen heraus. Das Prinzip, nach dem die Batterie funktioniert, ist dann aber genau gleich wie bei unserem Münzen-Strom-Turm. Das eine Metall ist edler als das andere, daher herrscht an einem Ende ein größerer Überschuss an positiven Ladungsträgern als am anderen Ende. Schließt man nun ein elektrisches Gerät (zum Beispiel eine Glühbirne) an die Enden der Batterie, kann sich der Ladungsunterschied ausgleichen und es fließt ein Strom.

GETRÄNKE EISKALT IN 3 MINUTEN – DER SUPER-FREEZER!

easy

10 Minuten

Wärmelehre,
Aggregatzustände,
Schmelzenergie

http://phils-physics.de/freezer

mit Video

Wenn im Sommer die Sonne scheint, gibt's nichts besseres, als spontan mit ein paar Freunden ein kaltes Getränk zu genießen. Leider bin ich manchmal ein bisschen verplant und habe nicht genügend kalte Getränke im Kühlschrank. Was tun, wenn's schnell gehen muss? Nichts leichter als das: Mit dem Super-Freezer bekommt ihr jedes Getränk in drei Minuten eiskalt!

MATERIAL-LISTE

- ✓ Eiswürfel
- ✓ Salz
- ✓ Große Schale
- ✓ Kochlöffel
- ✓ Thermometer (falls vorhanden)

SO WIRD'S GEMACHT

Dies ist vermutlich das einfachste Experiment der Welt und vielleicht werdet ihr gleich denken: »Was hat das denn mit Physik zu tun?« Aber der Reihe nach.

- Schritt 1: Füllt die Schale mit Eiswürfeln
- Schritt 2: Stellt die Getränke in die Schale
- Schritt 3: Kippt ordentlich Salz drüber
- Schritt 4: vermengt das Salz mit dem Eis. Da das Ganze ziemlich kalt wird, empfehle ich einen Kochlöffel zum Rühren.

Nach etwa drei Minuten sind die Getränke kalt, knapp über dem Gefrierpunkt. Kontrolliert mit dem Thermometer, wie sich die Temperatur entwickelt. Wahrscheinlich wird sie richtig in den Keller gehen.

SO FUNKTIONIERT ES

Bestimmt kennt ihr den Effekt von Streusalz im Winter. Man streut Salz auf die Straßen, damit das Eis schmilzt und man nicht darauf ausrutscht. Der für uns wichtige Effekt: Aus dem festen Eis wird flüssiges Wasser. Zum **Schmelzen** braucht Eis Energie, damit die innere Struktur von »fest« (Eis) zu »flüssig« (Wasser) geändert werden kann. Diese Energie muss irgendwo her kommen. Woher? Na, beispielsweise aus den warmen Getränkeflaschen. Aus ihnen »ziehen« die Eiswürfel Energie zum Schmelzen und die Getränke kühlen dabei ab. Genau das, was wir wollten!

Wenn die Eiswürfel schmelzen, werden sie erstmal nicht wärmer. Das Wasser hat die gleiche Temperatur wie die Eiswürfel. Alle Energie wird zuerst darauf verwendet, das Eis zu schmelzen. Erst wenn alle geschmolzen sind, wärmt sich das Wasser langsam auf die Umgebungstemperatur auf.

Wozu braucht man nun das Salz? Eis hat normalerweise eine Temperatur, die deutlich niedriger als 0 °C ist. Wenn man Salz hinzufügt, verringert sich der Schmelzpunkt des Eises, beziehungsweise der Gefrierpunkt von Wasser.

In unserer Schüssel haben wir jetzt eine Ladung Eiswürfel. Die meisten Kühlschränke haben eine Gefrierfachtemperatur von etwa -17 °C. Das ist auch die Temperatur der Eiswürfel, wenn sie aus dem Kühlschrank kommen. Würde man kein Salz hinzufügen, würden die Eiswürfel langsam warm werden und erst bei einer Temperatur von etwa 0 °C beginnen zu schmelzen. So lange kühlen die Getränkeflaschen nicht nennenswert ab, den **Schmelzwärme** wird ihnen nicht entzogen und durch Kontakt mit den Eiswürfeln kühlen sie auch kaum ab – Eiswürfel und Flaschen liegen ja nur mit den Kanten aneinander an.

Fügt man aber Salz hinzu, schmelzen die Eiswürfel schneller, wie beim Streusalz-Effekt. Der Kühlvorgang beginnt früher. Und das Schmelzen bedeutet nicht, dass die Eis-Wasser-Mischung dadurch wärmer werden. Die Temperatur ist immer noch unter 0 °C. Das flüssige Salzwasser, das kälter als 0 °C ist, kann nun außerdem um die Flaschen herum fließen. Dabei hat es Kontakt mit einer viel größeren Oberfläche der Flasche – dadurch wird der Kühleffekt stärker.

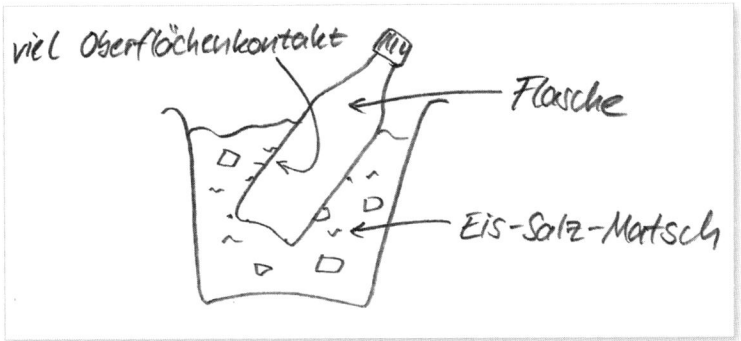

Diesen Trick haben die ersten Eismacher benutzt! Sie hatten zwei Metallschalen, eine große und eine kleine. In die große Schale kommt Eis und Salz. Das Gemisch wird dann zu einer Art Matsch, der unter 0 °C kalt ist. Die kleine Schale mit flüssiger Eiscreme kommt in das »Kältebad«. Am Rand gefriert die Eiscreme. Wenn man das ganze ständig umrührt und die gefrorene Schicht am Rand immer wieder untermengt, bekommt man nach ein paar Minuten leckeres, weiches Eis.

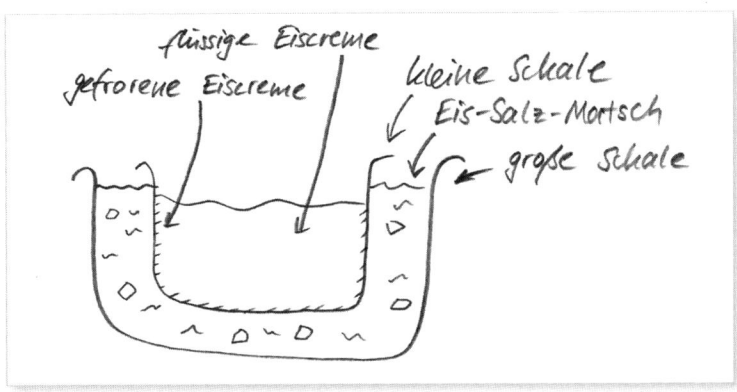

WELTRAUMSTRAHLUNG SICHTBAR MACHEN – MIT DEM TEILCHENDETEKTOR FÜR'S WOHNZIMMER

anspruchsvoll

60 Minuten

Kernphysik, Strahlung, Ionisierung

http://phils-physics.de/teilchendetektor

Was da draußen im Weltall passiert, kann uns doch egal sein. Supernova-Explosion in vielen Lichtjahren Entfernung? Davon bekommen wir nix mit. Das glauben viele Menschen. Dabei prasselt ein Schauer von kosmischen Teilchen auf uns ein, ohne dass wir es merken. Aber wir können dieses Bombardement aus dem All sichtbar machen. Mit einem Teilchendetektor Marke Eigenbau.

MATERIAL-LISTE

- Glas- oder Plastikbox (Terrarium), 5 €
- Metallplatte, ca. 5 mm dick und etwas größer als die Grundfläche der Box, 2 €
- Styroporkiste, z.B. Kühlbox-Deckel (so groß, dass die Metallplatte hinein passt), 4 €
- Dicker Filz, zugeschnitten auf die Größe der Grundseite der Box (bei dünnem Filz: zwei Lagen zuschneiden), 2 €
- 12-16 kleine Magnete (gerade Anzahl), 10 €
- 1 kg Trockeneis-Pellets (gibt's bei der nächsten Uni oder bei manchen Metzgern), 2 €
- 500 ml reiner Alkohol (mind 99 % Isopropanol, Apotheke), 5 €
- Knetmasse, genug um den Rand der Box mit einer Knetwurst zu bedecken! €
- Schutzhandschuhe, Schutzbrille
- Taschenlampe

TIPP: Über den QR-Code könnt ihr beim Netzwerk Teilchenwelt alle Materialien auch als Set bestellen. Zusätzlich braucht ihr Trockeneis-Pellets. Googelt einfach mal »Trockeneis« und den Namen eurer Stadt (oder der nächst größeren). So findet ihr vielleicht auch andere Trockeneishändler. Ein Kilo kostet zwischen 2 und 4 Euro.

SAFETY FIRST

In diesem Experiment haben wir es mit Trockeneis zu tun. Trockeneis ist gefrorenes Kohlenstoffdioxid, das eine Temperatur von etwa -78 °C hat. Das ist verdammt kalt. Wenn man nicht aufpasst und die Haut zu lange in Kontakt damit kommt, können unangenehme Kälteverbrennungen entstehen – die Haut reagiert auf extreme Kälte genauso wie auf Hitze! Deshalb immer Schutzhandschuhe und Schutzbrille tragen. Falls ihr doch einmal in Berührung mit dem Trockeneis kommen solltet, zieht es sofort ab. Für ein paar Sekunden bildet sich nämlich eine kleine Wasser-Eis-Schicht, die euch schützt. Ist die Kälte aber durchgedrungen, kann das Gewebe nach einigen Sekunden geschädigt werden.

Außerdem sind die Alkoholdämpfe giftig. Beugt euch niemals mit dem Kopf über Alkoholbehälter und sorgt dafür, dass der Raum immer gut belüftet ist. Am besten tragt ihr auch eine Schutzbrille.

SO WIRD'S GEMACHT

Als erstes bereiten wir die Box vor. Später soll sie mit der Öffnung nach unten auf die Metallplatte geklebt werden. Am Boden, der später nach oben zeigt, soll auf die Innenseite der

Filz hängen, befestigt durch die Magneten. Damit das reibungsfrei klappt, legt die eine Hälfte der Magneten auf einem Tisch in gleichmäßigem Abstand aus. So müsst ihr später nur die Oberseite der Box drauf stellen und die andere Hälfte der Magneten auf dem Filz an die entsprechenden Stellen legen.

Falls nötig, schneidet den Rand der Styroporkiste so zurecht, dass eine Art Wanne entsteht, in die später die Metallplatte hinein passt. Die Wanne sollte eine Tiefe von ca. 5 cm haben.

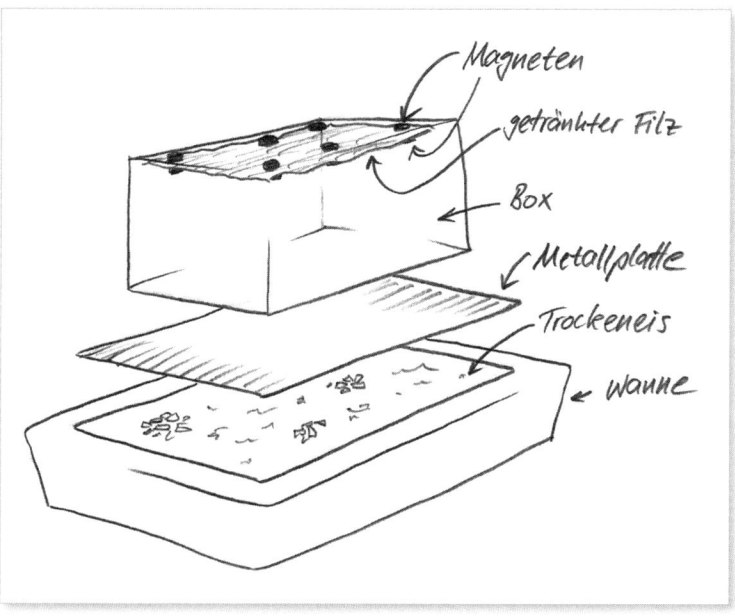

Formt die Knete zu Würsten mit einem Durchmesser von mindestens 1 cm und klebt diese auf den Rand der Öffnung der Box. Die Knete dient später als Dichtung, deshalb muss sie richtig fest sitzen und es dürfen keine Spalte zwischen Knete und Box entstehen.

Tränkt den Filz mit Alkohol. Lasst die Flüssigkeit ein bisschen abtropfen und legt den Filz dann in die Box. Stellt die Box auf die Magneten und befestigt den Filz von der Innenseite mit der anderen Hälfte der Magneten. Wenn ihr jetzt die Box umdreht, sollte der Filz fest sitzen und nicht runterhängen.

Jetzt kommt die Box auf die Metallplatte. Stellt sie erst vorsichtig mittig drauf und drückt dann von oben, damit die Knete den Spalt zwischen Box und Metallplatte abdichtet. Ihr könnt auch mit dem Finger nachhelfen. Achtet darauf, dass vor allem an Stellen, wo die Knetwurst überlappt, kein Spalt mehr besteht.

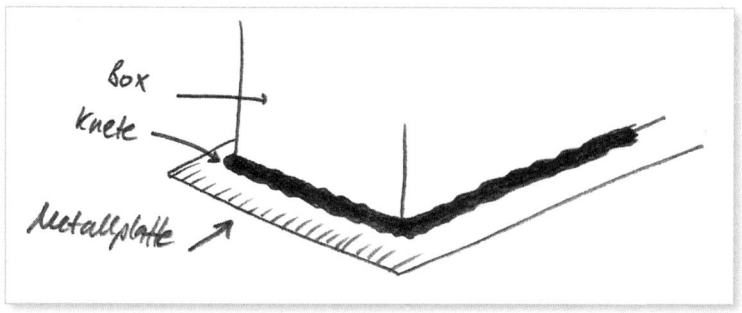

Als nächstes kommt das Trockeneis ins Spiel. Jetzt braucht ihr Schutzhandschuhe und Schutzbrille. Kippt das Trockeneis in die Styropor-Wanne. Rüttelt ein bisschen, sodass sich das Trockeneis gleichmäßig verteilt. Stellt die Metallplatte samt Box drauf und drückt das Ganze vorsichtig fest, sodass die Metalplatte überall in Kontakt mit dem Trockeneis ist.

Jetzt folgt die Königsdisziplin der Experimentalwissenschaften: warten! Schaltet das Licht aus und leuchtet mit der Taschenlampe in die untere Hälfte der Box. Nach drei bis zehn Minuten bilden sich geheimnisvolle Streifen! Sie entstehen aufgrund der **kosmischen Strahlung**!

SO FUNKTIONIERT ES

Gehen wir mal der Reihe nach durch, wie diese Spuren entstehen. Als erstes verdunstet der Alkohol, mit dem wir den Filz getränkt haben. Die Luft in der Kammer nimmt den Alkohol-Dampf auf. Das geht allerdings nicht beliebig lange. Irgendwann ist die Luft »**übersättigt**«. Dann kann sie keinen weiteren Alkoholdampf mehr aufnehmen. Wie viel Dampf Luft aufnehmen kann, ist von ihrer Temperatur abhängig. Je kälter, desto weniger. Im oberen Teil der Box herrscht ungefähr Raumtemperatur. Weiter unten aber kühlt das Eis! Hier ist die Luft kälter und kann deshalb weniger Alkohol-Dampf halten. Eigentlich müsste der Alkohol jetzt **kondensieren**. Das bedeutet, der Dampf würde sich niederschlagen und wieder flüssig werden. Dazu braucht er allerdings etwas, an dem er sich ansetzen kann, zum Beispiel ein Staubteilchen. Man nennt dies einen »**Kondensationskeim**«. In der Natur gibt es solch einen »Angriffspunkt« ständig, zum Beispiel wenn Wolken entstehen oder wenn sich im Sommer **Luftfeuchtigkeit** an einem eisgekühlten Getränk niederschlägt und dort Wassertropfen bildet. Schön und gut – warum bilden sich denn nun aber keine Wolken oder Alkohol-Tropfen in der Box? Ganz einfach: Hier fehlen diese Kondensationskeime, an denen der Alkoholdampf ansetzen könnte. Zu Beginn werden die paar Staubteilchen aus der Luft zwar von Alkoholdampf belagert. Dann sinken sie aber nach unten und sind weg.

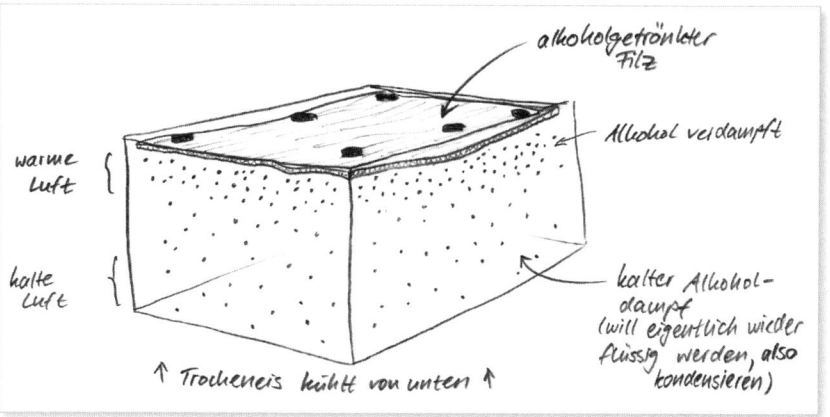

Wir halten fest: Die Luft oberhalb der Metallplatte ist also übersättigt und möchte am liebsten den vielen Alkoholdampf wieder loswerden. Kann sie nicht, weil keine Kondensationskeime da sind. Das ändert sich schlagartig, wenn ein elektrisch geladenes Teilchen durch diese übersättigte Schicht zischt. Entlang der Flugbahn erzeugt das nämlich eine ganze Menge Ionen und daran kann der Alkoholdampf dann kondensieren. Es entstehen sichtbare Spuren aus Alkoholtröpfchen. Eine Art »Kondensstreifen« wie beim Flugzeug! Hier sind aber keine Flugzeuge unterwegs, sondern geladene Teilchen aus dem Kosmos! Der Effekt ist trotzdem ähnlich. Beim Flugzeug kühlt die heiße Luft aus der Turbine ab und der Wasserdampf kondensiert an den ausgestoßenen Partikeln.

WOHER KOMMEN DIE KOSMISCHEN TEILCHEN?

Wenn in den unglaublichen Weiten des Alls ein Stern stirbt, dann gibt es eine riesige Supernova-Explosion. Dabei entsteht Strahlung, genauer gesagt, ein Sturm aus sehr energiereichen Atomteilchen. In den höheren Schichten unserer Erdatmosphäre knallen diese energiereichen Atomteilchen auf Luft-Moleküle, schlagen aus den Luft-Molekülen Teilchen heraus (ionisieren sie) und es entstehen sogenannte sekundäre Partikel. Was bei uns ankommt: elektromagnetische Strahlung, Protonen, Neutronen und vor allem Myonen. Wenn zum Beispiel ein Myon durch unsere Nebelkammer zischt, erzeugt es eine charakteristische Spur aus Alkoholnebel.

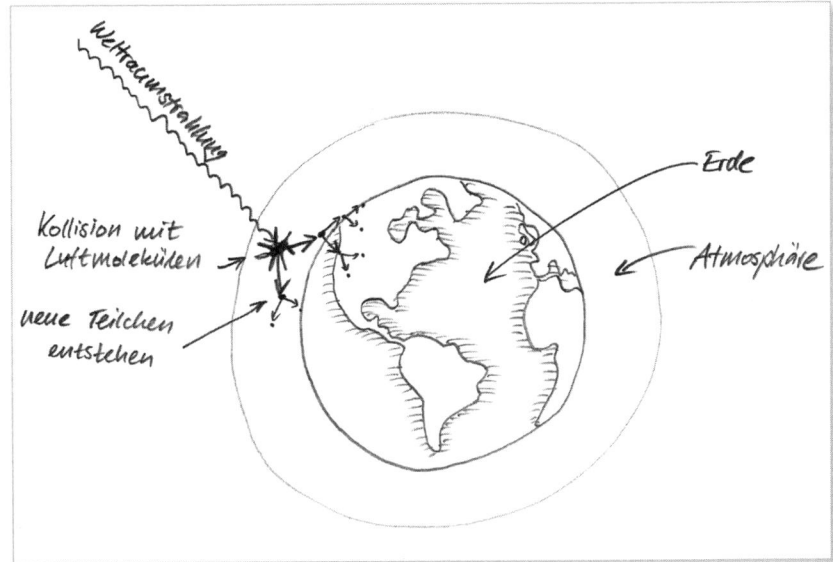

Das, was wir also in unserem Teilchen-Detektor sehen, ist nicht die kosmische Strahlung direkt, sondern die Teilchen, die die kosmische Strahlung in der Erdatmosphäre erzeugt.

Vielleicht seid ihr jetzt ein bisschen beunruhigt: Wir werden schließlich ständig von geladenen Teilchen beschossen, wie wir gerade selbst gezeigt haben! Ist das nicht gefährlich? Die gute Nachricht: Nein – diese Strahlenbelastung ist sehr gering und rund tausend-mal schwächer als die Strahlung, die auf der Erde selbst entsteht. Allerdings konnte nachgewiesen werden, dass die Strahlenbelastung in großer Höhe deutlich stärker ist. Piloten beispielsweise bekommen mehr Strahlung ab. Aber selbst das bewegt sich in noch erträglichen Grenzen, sonst dürften Piloten ja nicht ein Leben lang fliegen.

TOP-SECRET BILDSCHIRM – EIN MONITOR, DESSEN INHALT NUR IHR SEHEN KÖNNT!

anspruchsvoll

60 Minuten

Optik, Polarisation

http://phils-physics.de/bildschirm

mit Video

Is Geheimagent hat man es mit höchst geheimen Daten zu tun. Diese sind auf höchst sicheren Festplatten höchst verschlüsselt gespeichert. Aber irgendwann will der geneigte Agent vielleicht mal einen Blick darauf werfen. Blöd, wenn in genau diesem Moment ein Ganove von der Seite auf den Bildschirm schielt. Alles kein Problem, wenn der Bildschirm die magische Eigenschaft hat, dass man seine Inhalte nur mit einer speziellen Brille sehen kann! Klingt wie Zauberei, lässt sich aber relativ einfach selbst bauen!

MATERIAL-LISTE

- LCD-Monitor (Achtung, den demontieren wir!), 15 € vom Flohmarkt
- alte Sonnenbrille oder 3D-Brille (auch die wird demontiert), 3 €
- Nagellack-Entferner oder Universal-Verdünner, 3 €
- Cutter
- Schraubenzieher für die Schrauben des Monitors
- Schwamm
- Tesafilm

SO WIRD'S GEMACHT

Der LCD-Monitor ist mit mehreren Folien beschichtet. Diese wollen wir entfernen. Dazu müsst ihr zuerst den Plastikrahmen des Monitors abnehmen. Entfernt die Schrauben an der Rückseite und nehmt den Rahmen ab. Jetzt habt ihr direkten Zugriff auf die Folien. Meistens gibt es eine Anti-Spiegelungsfolie außen, die verhindert, dass der Monitor zu sehr reflektiert, und eine Polarisationsfolie darunter. Uns interessiert nur die Polarisationsfolie. Nehmt den Cutter und schneidet die Folien am Rand entlang der Kante ab. Hier müsst ihr höllisch aufpassen, dass ihr das Glas hinter den Folien nicht zerbrecht. Schneidet lieber mehrfach die Selbe Spur entlang, statt zu stark zu drücken.

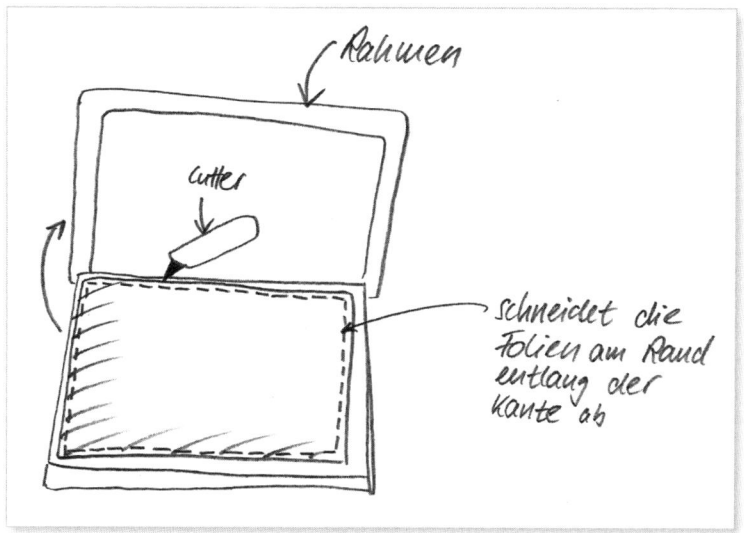

Jetzt müsst ihr die Folien abziehen. Fahrt mit dem Cutter vorsichtig unter die Folie und löst sie vorsichtig ab. Hier ist viel

Geduld gefordert - wer zieht und reißt, riskiert, dass das Glas bricht.

Wenn alle Folien entfernt sind, werden wahrscheinlich noch einige Klebereste auf dem Bildschirm sein. Die könnt ihr mit dem Lösungsmittel leicht entfernen. Legt am besten den Monitor horizontal, so dass die Flüssigkeit nicht ins Innere fließen oder den Rahmen angreifen kann. Benutzt den Schwamm, um mit dem Lösungsmittel die Rückstände zu entfernen. Eventuell hilft ein Stück Plastik (vielleicht nicht gerade eure Kreditkarte), um den Kleber abzukratzen. Achtet dabei darauf, dass ihr die Dämpfe nicht einatmet und dass eure Hände nicht zu sehr in Kontakt mit der Flüssigkeit kommen. Am besten wascht ihr die Hände gründlich ab, wenn der Bildschirm frei von Klebstoff ist. Zum Schluss schraubt ihr den Rahmen des Bildschirms wieder fest, so wie er vorher war. Wenn die beiden Folien noch zu fest aneinander kleben, könnt ihr sie für ein paar Stunden in lauwarmes Wasser einlegen. Dann lassen sie sich leicht auseinander ziehen.

Den schlimmsten Teil habt ihr jetzt schon hinter euch. Am besten testen wir gleich mal, ob unsere Idee funktioniert. Stöpselt den Monitor an einen Computer und schaltet ihn ein. Stellt sicher, dass der Monitor irgendwas anzeigen sollte – denn wenn alles funktioniert hat, seht ihr ... nichts! Erst wenn ihr die Polarisationsfolie davor haltet, müsste der Inhalt zu sehen sein. Es kann sein, dass ihr die Folie drehen müsst, bis etwas durch sie zu sehen ist. Falls der Bildschirm auch ohne vorgehaltene Folie noch etwas anzeigt, checkt nochmal, ob ihr wirklich die Polarisationsfolie abgezogen habt.

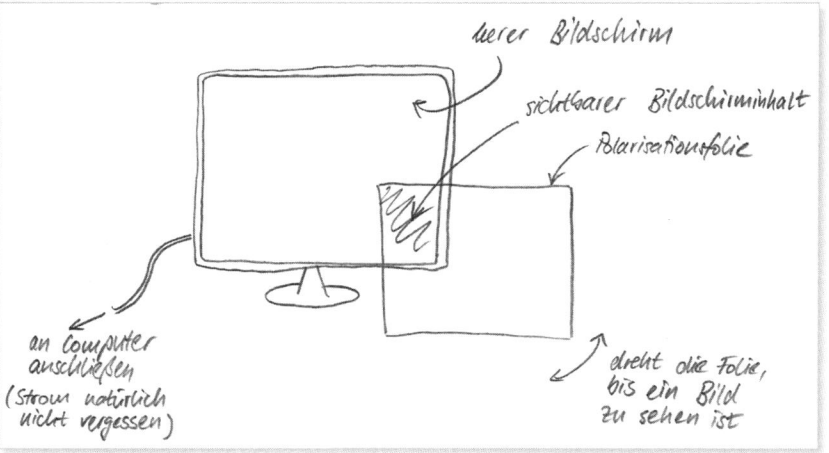

Probiert durch Drehen aus, wann das Bild am besten zu sehen ist. Und macht dann am besten eine kleine Markierung auf die Folie, die angibt, in welcher Ausrichtung sie den Inhalt des Bildschirms zeigt.

Super – jetzt haben wir einen Bildschirm, der nur etwas mit vorgehaltener Folie anzeigt! Damit ihr beide Hände frei habt, bauen wir uns jetzt eine Folien-Brille. Biegt die Gläser aus dem Brillengestell heraus, möglichst so, dass sie nicht kaputt gehen. Dann könnt ihr sie nämlich als Vorlage benutzen: Wir schneiden neue »Brillengläser« aus der Polarisationsfolie aus. Achtet darauf, dass die Folie die richtige Ausrichtung hat. Bevor ihr anfangt zu schneiden, wagt einen letzten Test mit eingeschaltetem Bildschirm, um zu sehen, ob ihr die richtige Seite und den richtigen Winkel habt.

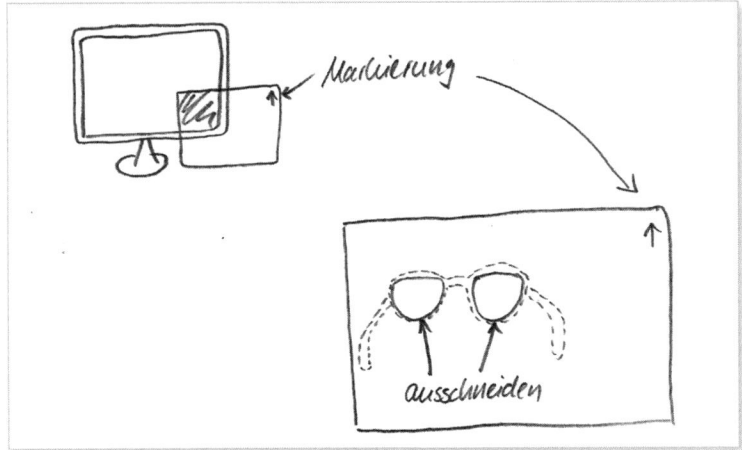

Jetzt könnt ihr die neuen Polarisationsgläser mit Tesafilm am Brillengestell befestigen. Ihr könnt die Brille aber schon mal aus der Entfernung testen.

Wenn alles funktioniert hat, könnt ihr jetzt euren Top-Secret Bildschirm verwenden. Mit eurer neuen super-stylishen Agenten-Brille (ich hoffe, ihr habt nicht Omas altes Brillengestell verwendet)!

SO FUNKTIONIERT ES

Ein LCD-Bildschirm besteht aus Millionen von kleinen Bildpunkten. Mit einer Lupe kann man die sogar sehen. Jeder Bildpunkt besteht aus einer roten, einer blauen und einer grünen Lampe. So kann jede beliebige Farbe gemischt werden. Damit aber nicht jede einzelne Lampe ein- und ausgeschaltet werden muss, gibt es einen Trick: **Polarisation**!

Licht ist eine elektromagnetische Welle. Diese kann polarisiert werden. Das bedeutet, dass die Welle dann nur in einer

Ebene schwingt. Ein Polarisationsfilter beispielsweise lässt nur Licht durch, das eine bestimmte Polarisation hat.

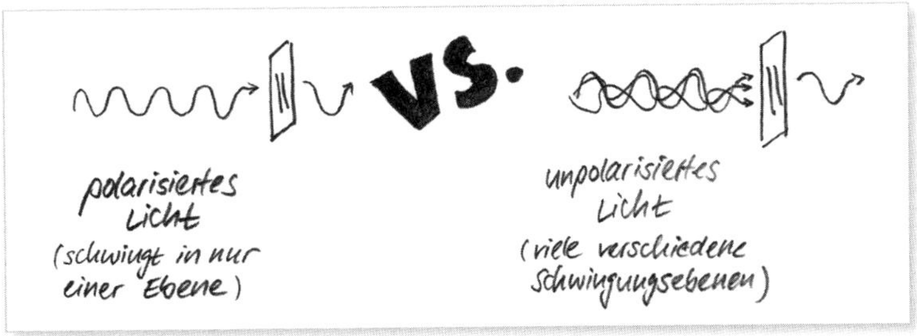

polarisiertes Licht
(schwingt in nur einer Ebene)

VS.

unpolarisiertes Licht
(viele verschiedene Schwingungsebenen)

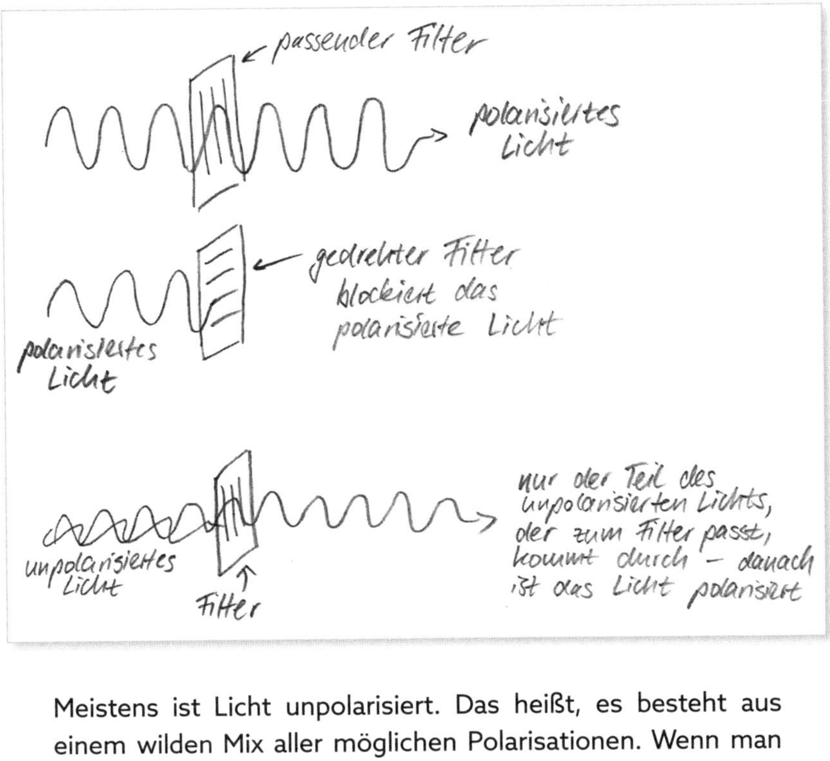

← passender Filter

→ polarisiertes Licht

gedrehter Filter blockiert das polarisierte Licht

polarisiertes Licht

unpolarisiertes Licht

Filter

nur der Teil des unpolarisierten Lichts, der zum Filter passt, kommt durch – danach ist das Licht polarisiert

Meistens ist Licht unpolarisiert. Das heißt, es besteht aus einem wilden Mix aller möglichen Polarisationen. Wenn man dieses Licht durch einen Polarisationsfilter schickt, kommen nur die Anteile durch, die entsprechend polarisiert sind.

Jetzt kann man einen zweiten Polarisationsfilter einbauen, der so gedreht ist, dass dieses polarisierte Licht nicht durchkommt. Hinter dem zweiten Filter ist es dann dunkel.

Damit man auf dem Bildschirm etwas sehen kann, muss aber natürlich Licht durchkommen. Wie funktioniert das? Der Trick beim LCD-Bildschirm: **Flüssigkristalle**! Daher auch der Name: LCD steht für Liquid Crystal Display, auf deutsch: Flüssigkristallbildschirm. Die flüssigen **Kristalle** sitzen genau zwischen den beiden Filtern. Wenn man dort Spannung anlegt, sorgen sie dafür, dass sich die Polarisation des Lichts dreht. Dann kann das Licht auch den zweiten Filter passieren. Ob Licht durchkommt oder nicht, kann man also durch Strom an den Flüssigkristallen steuern.

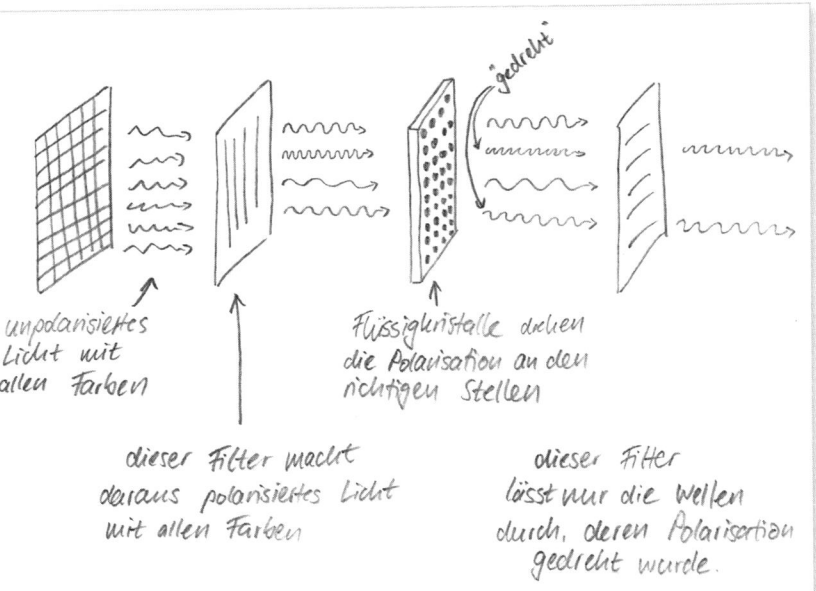

unpolarisiertes
Licht mit
allen Farben

dieser Filter macht
daraus polarisiertes Licht
mit allen Farben

Flüssigkristalle drehen
die Polarisation an den
richtigen Stellen

dieser Filter
lässt nur die Wellen
durch, deren Polarisation
gedreht wurde.

Nach diesem Prinzip können die Millionen von kleinen Lämp-chen auf dem Display an- und ausgeschaltet werden. Das funktioniert aber natürlich nur, wenn man einen zweiten Pola-risationsfilter hat. Und den haben wir ja abgezogen. Ohne den zweiten Polarisationsfilter erscheinen alle Bildpunkte hell, denn der zweite Filter fehlt, um das Licht an den Stellen zu blockieren, die dunkel sein sollen. Erst wenn wir durch unsere Spezial-Brille schauen, werden die dunklen Teile wieder herausgefiltert und wir können erkennen, was auf dem Bildschirm eigentlich ange-zeigt wird.

NIE MEHR KALTE FINGER BEIM HANDYTIPPEN IM WINTER – TOUCHSCREEN-HANDSCHUHE SELBSTGEMACHT

easy

15 Minuten

Elektrodynamik, Leiter

http://phils-physics.de/handschuhe

Die Luft ist klirrend kalt, beim Ausatmen entstehen Wolken und ihr seid in zahllose Schichten Klamotten eingepackt. Eigentlich kann der Winter ganz gemütlich sein. Aber dann steht man doch irgendwo in der Kälte und möchte schnell auf dem Smartphone das nächstgelegene Café ausfindig machen, um sich aufzuwärmen. Blöd nur, dass man jetzt die Handschuhe ausziehen muss, denn mit Handschuhen lässt sich ein Touchscreen ja nicht bedienen. Der einfachste Trick, um dieses Problem zu beheben: Benutzt ein Handy ohne Touchscreen! Na gut, kaum einer will ein altes Nokia 3310 aus dem Keller kramen. Wie wär's damit: Wir hacken eure Handschuhe, sodass ihr damit einen Touchscreen bedienen könnt, ohne euch die Finger abzufrieren!

MATERIAL-LISTE

- Handschuhe (vielleicht nicht die teuersten, denn sie werden »umgebaut«), am besten eignen sich Stoffhandschuhe
- Eine Nähnadel
- Leitfähiges Garn (online auch zu finden unter »Touchscreen-Garn«, »conductive thread«), 5 €
- Bleistift

SO WIRD'S GEMACHT

Dieser Hack ist eigentlich ziemlich einfach. Das einzige, was ein bisschen Fingerspitzengefühl erfordert (im wahrsten Sinne des Wortes!), ist die Bedienung der Nähnadel. Falls ihr noch nie mit Nadel und Faden umgegangen seid, testet das mit einem unverfänglichen Stück Stoff. Eventuell kann ein älteres Familienmitglied Hilfestellung leisten und Tipps geben, wie euer Finger heil bleibt.

Damit wir gleich wissen, wo genau wir nähen müssen, testen wir die Handschuhe vorab aus. Zieht sie euch an, schnappt euer Smartphone und tippt mit den Fingern, die ihr normalerweise verwendet. Bei mir sind das die beiden Daumen und der rechte Zeigefinger. Achtet beim Tippen genau darauf, welcher Teil des Handschuhs das Display berührt und macht euch mit dem Bleistift Markierungen auf dem Handschuh. Sie dürfen ruhig großflächig sein.

Wenn ihr die Auflagepunkte identifiziert habt, zieht die Handschuhe wieder aus und bewaffnet euch mit Nadel und leitfähigem Faden. Wir nähen jetzt das leitfähige Garn an der Stelle in den Handschuh, die später zwischen eurem Finger und dem Touchscreen ist. Am besten stecht ihr mit der Nadel in die Mitte der Markierung und näht eine Spirale mit einem Durchmesser von etwa 1 cm. Achtet darauf, dass ihr ganz durch den Stoff bis ins Innere des Handschuhs kommt, denn das Garn soll später Kontakt mit dem Finger haben. Außen angekommen, könnt ihr wieder in Richtung Mitte nähen, sodass ihr am Schluss die beiden Enden des Fadens mit einem Doppelknoten befestigen könnt.

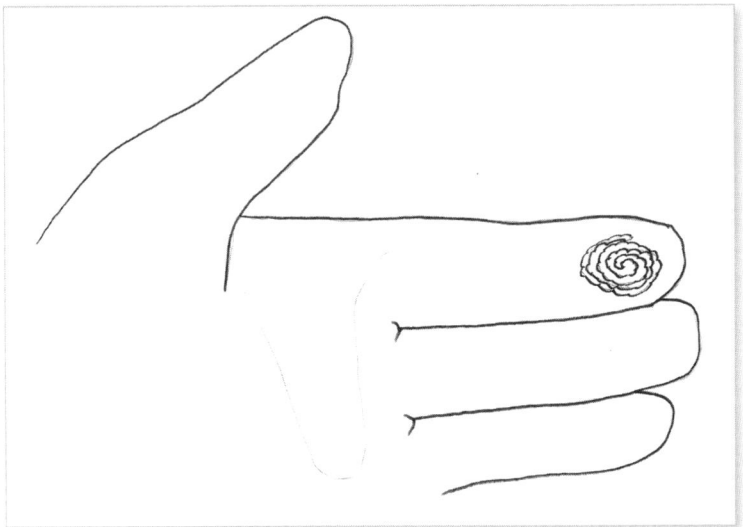

Jetzt könnt ihr den ersten Finger schon mal testen. Zieht den Handschuh an und versucht, das Telefon mit dem gepimpten Finger zu bedienen. Wenn das funktioniert, wiederholt das Ganze an den anderen Fingern. Und fertig ist euer smartphone-tauglicher Handschuh!

SO FUNKTIONIERT ES

Touchscreens werden heutzutage so gebaut, dass sie winzige Schwankungen in der **elektrischen Leitfähigkeit** auf ihrer Oberfläche wahrnehmen können. Dazu sind sie mit einem Netz aus unglaublich dünnen Drähten durchzogen, die man mit bloßem Auge kaum sehen kann. Durch diese Drähte fließt ein Strom. Wenn jetzt ein Finger irgendwo auf den Touchscreen kommt, beeinflusst er den Stromfluss durch die Drähte an dieser Stelle. Denn euer Finger ist elektrisch leitfähig! Nicht so gut wie ein

Kabel, aber ausreichend, damit die Drähte im Touchscreen das messen können. Je nachdem welche Drähte einen geänderten Stromfluss melden, kann der Prozessor im Handy dann ausrechnen, auf welche Stelle man getippt hat.

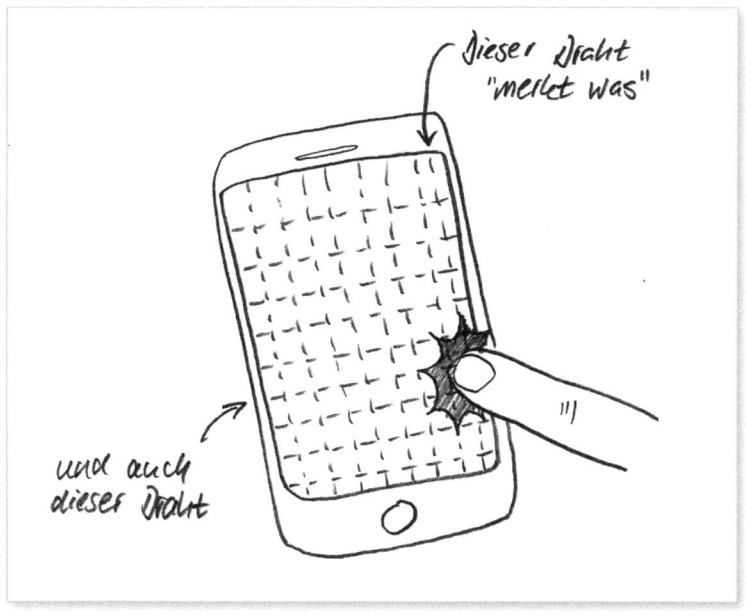

Wenn euer Finger jetzt allerdings in einem Handschuh steckt, bekommen die Drähte nichts davon mit, wenn ihr auf den Bildschirm tippt. Der Handschuh isoliert nämlich gut. Das bedeutet, er schirmt euren leitfähigen Finger vom empfindlichen Bildschirm ab.

Jetzt kommt der leitfähige Draht ins Spiel! Er stellt eine elektrisch leitende Verbindung zwischen eurem Finger und dem Touchscreen her und ermöglicht es, dass ihr selbst mit Handschuhen euer Handy bedienen könnt.

WAS IST LEITFÄHIGES GARN?

Wie der Name schon sagt, ist leitfähiges Garn ein Faden, der elektrischen Strom leiten kann. Hergestellt wird er aus normalem Garn und sehr dünnen Fäden aus Metall, beispielsweise Kupfer. Das Garn sorgt für Stabilität und das Metall für die Leitfähigkeit.

UNPLATZBARE SEIFENBLASEN

easy

15 Minuten

Mechanik,
Oberflächenminimierung

http://phils-physics.de/seifenblasen

Wenn man auf Englisch eine unangenehme Wahrheit ausspricht, sagt man gerne »Sorry to burst your bubble« – »Tut mir leid, dass ich deine Seifenblase (deinen Traum) platzen lasse«.

Falls euch jemand erzählt, dass es keine unplatzbaren Seifenblasen gibt, könnt ihr antworten: »Sorry to burst your bubble«, denn in diesem Kapitel erfahrt ihr, wie ihr Seifenblasen produziert, die sich bis zu drei Minuten lang halten und sogar angefasst werden können! Ihr riskiert mit dem Spruch allerdings 5 € für das Phrasenschwein.

MATERIAL-LISTE

- ✅ 300 ml destilliertes Wasser aus dem Supermarkt, 1 €
- ✅ 40 ml Maissirup (bzw. 40 g Maissirup-Pulver), 2 €
- ✅ 90 ml grünes Geschirrspülmittel, 1 €
- ✅ 1 m Draht, 1 €

SO WIRD'S GEMACHT

Wenn ihr den Maissirup in Pulverform bekommen habt, rührt zuerst den flüssigen Sirup an. Auf der Packung steht meistens genau, wie man das macht. Falls nicht, versucht es einfach mal mit 40 g Pulver auf die 300 ml destilliertes Wasser. Erwärmt das Wasser, sodass es gerade noch nicht kocht und rührt dann das Pulver hinein. Jetzt kommt das Geschirrspülmittel dazu. Passt auf, dass ihr nicht zu wild rührt, sonst bildet sich Schaum und den brauchen wir gerade nicht.

Wenn alles gut vermischt ist, lasst den Topf etwa vier Stunden lang abkühlen. In der Zwischenzeit könnt ihr euch aus dem Draht einen Ring biegen, mit dem ihr später die Blasen produzieren könnt.

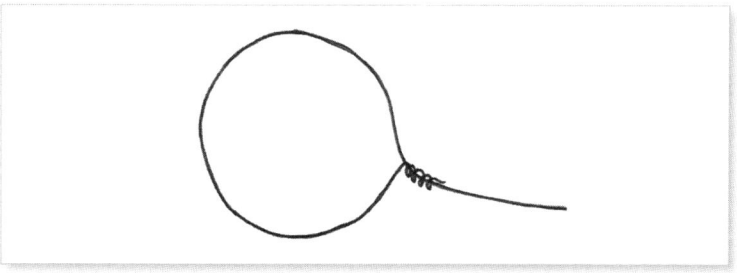

Hier gibt es keine besonderen Vorgaben, formt einfach einen Ring mit etwa 10 cm Durchmesser und verdreht die Enden so, dass der Draht fest hält.

Wenn die Flüssigkeit abgekühlt ist, rührt sie nochmal vorsichtig um und taucht dann den Ring hinein. Ich gehe mal davon aus, dass ihr wisst, wie man Seifenblasen macht (Ring in die Flüssigkeit eintauchen und pusten) – daher spare ich mir weitere Erklärungen und wünsche viel Spaß mit den magischen Seifenblasen!

SO FUNKTIONIERT ES

WARUM PLATZEN SEIFENBLASEN?

Erst mal: Warum sind Seifenblasen eigentlich rund? Dahinter steckt ein physikalisches Prinzip, nämlich, dass alle Stoffe versuchen, ihre Oberfläche so klein wie möglich hinzubekommen. Die kleinste Oberfläche bei gleichem Volumen hat eine Kugel. Deshalb sind Regentropfen auch rund. Und das Gleiche passiert bei den Seifenblasen. Warum leben unsere Kugeln aus Seifenlauge aber nur so kurz? Obwohl die Blasen zu schweben scheinen, wirkt natürlich auch die Erdanziehungskraft auf sie. Die Flüssigkeit in der dünnen Seifenblasen-Haut fließt nach unten, sodass die Seifenblase unten dicker ist als oben. Außerdem verdunstet die Flüssigkeit mit der Zeit.

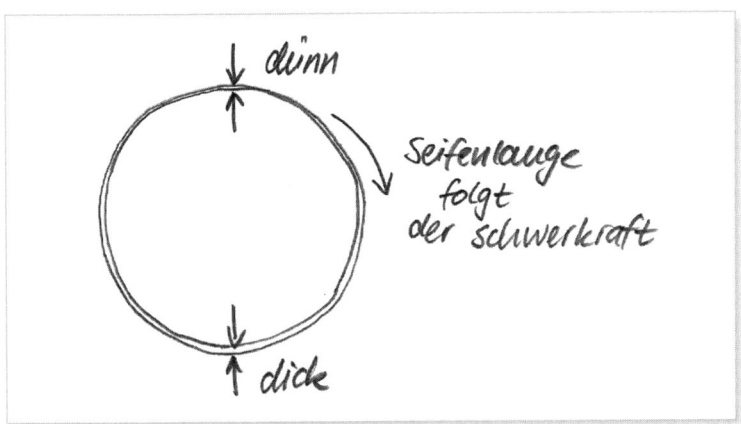

Irgendwann ist die Schicht zu dünn und die Haut reißt. Wenn ihr genau hinschaut, könnt ihr sogar beobachten, dass Seifenblasen meistens von oben nach unten reißen.

Der Maissirup bremst das Verdunsten und sorgt dafür, dass die Flüssigkeit etwas zäher wird. Daher halten sich unsere Spezial-Seifenblasen länger.

DIE SEIFENBLASEN-CHALLENGE

Ihr seid ja Wissenschaftler. Daher könnt ihr mal eine Versuchsreihe starten und verschiedene Zusammensetzungen der drei Zutaten ausprobieren. Hilft mehr Maissirup? Oder klappt es besser mit mehr Wasser? Probiert verschiedene Mixturen, notiert euch genau das Rezept und vergleicht dann die Performance der Seifenblasen. Dazu macht ihr eine Blase mit einem mittelgroßen Durchmesser, platziert sie auf einem Teller und stoppt die Zeit, bis sie platzt. Drei Minuten können durchaus drin sein! Wenn die Bedingungen immer gleich sind (beispielsweise jedes Mal ein sauberer Teller), könnt ihr danach eine Aussage treffen, welches Rezept am besten funktioniert. Wichtig ist, dass ihr alle Details zu euren Versuchen genau festhaltet Dazu könnt ihr meine Tabelle benutzen. Kopiert euch diese Seite oder laden die Tabelle auf über den QR-Code herunter.

Versuch-Nummer	Menge Wasser	Menge Maissirup	Menge Spüli	Ruhezeit	Sonstige Kommentare	Zeit, bis Blase platzt
1						
2						
3						
4						
5						

Habt ihr die magische Formel gefunden? Dann postet eure Rekordzeit zusammen mit dem Rezept auf der Website zum Experiment (siehe QR-Code)!

Vielleicht sagt ihr jetzt: Moment, warum sollte ich mein geheimes Rezept veröffentlichen? Okay, es ist euer gutes Recht, das für euch zu behalten. Aber Wissenschaft funktioniert nur, wenn Forscher ihre Erkenntnisse aufschreiben und anderen Forschern mitteilen. So können die Forscherkollegen überprüfen, ob sie euer Ergebnis auch produzieren können oder ob ihr euch das nur ausgedacht habt.

MISSION WETTERVORHERSAGE – WERDET ZU FORSCHERN MIT EURER EIGENEN WETTERSTATION!

mittelschwer

45 Minuten

Mechanik, Wärmelehre, Temperatur, Luftfeuchtigkeit, Luftdruck

http://phils-physics.de/wetter

mit Video

Stellt euch vor, ihr liegt an einem tollen Sommertag in kurzen Hosen am Badesee in einer Hängematte. Für abends ist eine Grillparty geplant. Als die Kohle gerade anfängt zu glühen, fällt der erste Tropfen. Mist – das ist vermutlich das »leichte Gewitterrisiko« aus der Wettervorhersage. Die Grillparty fällt ins Wasser, dafür ist ein neues Projekt geboren: die eigene (super genaue) Wettervorhersage! In diesem Kapitel checken wir, was eigentlich dafür sorgt, dass sich das Wetter ändert und wie wir das rechtzeitig herausfinden können – mit unserer eigenen Wetterstation.

WAS IST WETTER?

Wenn im Radio ein gut gelaunter Moderator die Wettervorhersage mit einem kleinen Gag ansagt, dann sind das meistens nur zwei Sätze: »Heute super sonnig, morgen eher durchwachsen – so wie mein Steak gestern Abend!«. Abgesehen von der unterirdischen Pointe ist die Beschreibung des Wetters hier sehr schwammig. Wenn wir von »schönem« Wetter reden, dann bezieht sich das ja darauf, was wir Menschen als »schön« empfinden. Das ist natürlich auch von Land zu Land unterschiedlich. In einem Wüstenstaat würde man bei Regen wahrscheinlich vor Freude eine Sand-Party veranstalten, während bei uns eher Sonne begrüßt wird.

Es wäre also schwierig, eine Skala von 0 bis 10 einzuführen, bei der 0 »schlechtes« und 10 »schönes Wetter« bedeutet. Wir brauchen eine bessere Beschreibung des Phänomens Wetter. Am besten eine, die man sogar für eine Vorhersage benutzen kann.

Zum Glück haben sich Wissenschaftler schon den Kopf über diese Frage zerbrochen und überlegt, was genau eigentlich

Wetter für uns ausmacht: Was bekommen wir von einer bestimmten Wetterlage mit? Was beeinflusst unser Leben am meisten? Rausgekommen sind folgende Faktoren:

Temperatur
Daran habt ihr vermutlich auch als erstes gedacht: Klar – man will ja schließlich wissen, ob es zu warm für einen Grillabend oder kalt genug zum Schlittschuhlaufen ist.

Luftfeuchtigkeit
Luft kann Wasserdampf aufnehmen. Das sieht man zum Beispiel im Winter, wenn man in die kalte Luft haucht. Der warme Atem enthält eine hohe Luftfeuchtigkeit und wenn dieser in die kalte Luft strömt, bildet sich eine kleine Wolke.

Der Anteil des Wasserdampfes, der in der Luft gespeichert ist, heißt Luftfeuchtigkeit. Bei einer hohen Luftfeuchtigkeit kann das Regenrisiko steigen. Regen entspricht einer Luftfeuchtigkeit von 100 %.

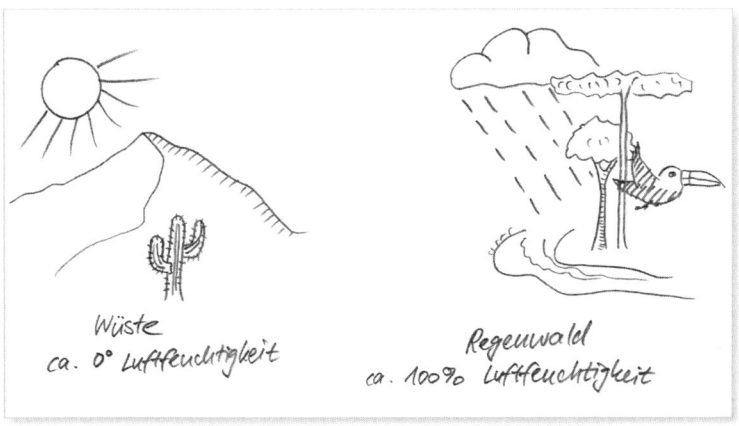

Wüste
ca. 0° Luftfeuchtigkeit

Regenwald
ca. 100% Luftfeuchtigkeit

Die Luftfeuchtigkeit ist gar nicht so leicht zu messen. Spezielle Geräte können den Wassergehalt der Luft bestimmen. Wir werden gleich einen Trick benutzen, um ebenfalls ein einfaches Messgerät für die Luftfeuchtigkeit zu bauen.

Luftdruck

Dass man Luft zusammendrücken kann, weiß jeder, der schon mal einen Fahrradreifen aufgepumpt hat. In der Atmosphäre gibt es Bereiche, in denen die Luft ebenfalls stärker zusammen gedrückt ist als an anderen Stellen. Das kann zum Beispiel daran liegen, dass irgendwo die Sonne auf die Erde knallt, die Luft sich daraufhin erwärmt, aufsteigt und neue Luft aus der Umgebung nachfließt. Wenn aus allen Richtungen Luft an einen Ort fließt, entsteht dort ein Überdruck – und fertig ist unser Hochdruckgebiet.

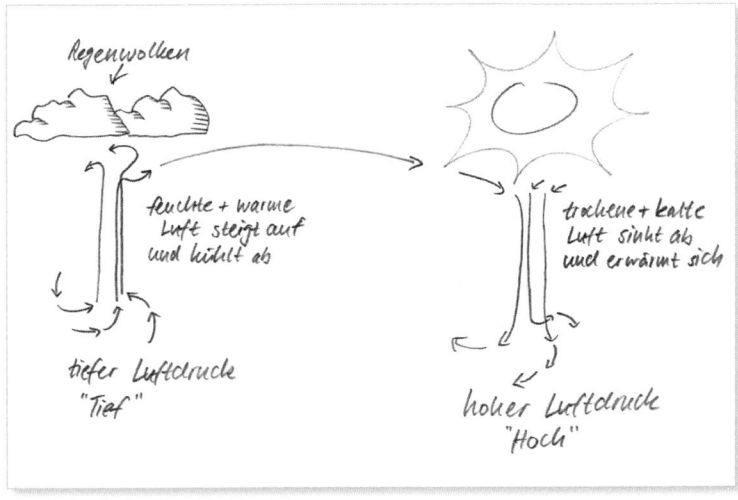

Vor allem an den Übergangszonen zwischen Hoch- und Tief-druckgebieten entstehen interessante Wetterphänomene, zum Beispiel Gewitterfronten. Deshalb ist es wichtig zu wissen, wo Gebiete mit hohem oder niedrigem **Luftdruck** sind. Der Luftdruck wird mit einem Barometer gemessen. Ein einfaches Barometer bauen wir in diesem Kapitel!

Windstärke und Windrichtung

Wind fällt meistens erst auf, wenn er die Zeitung aus den Hän-den bläst oder einen Baum umgeworfen hat. Er spielt aber eine wichtige Rolle beim Wetter, transportiert er doch nicht nur Zei-tungen, sondern vor allem Luft von einem Ort zum anderen. Und diese Luft hat Eigenschaften, die ihr schon kennt: Tempe-ratur, Luftfeuchtigkeit und Luftdruck. Wenn an Ort A eine be-stimmte Kombination dieser Größen herrscht und Wind mit einer bestimmten Geschwindigkeit in eine bestimmte Richtung bläst, kann man ausrechnen, wie das Wetter nach einer gewis-sen Zeit an Ort B ist.

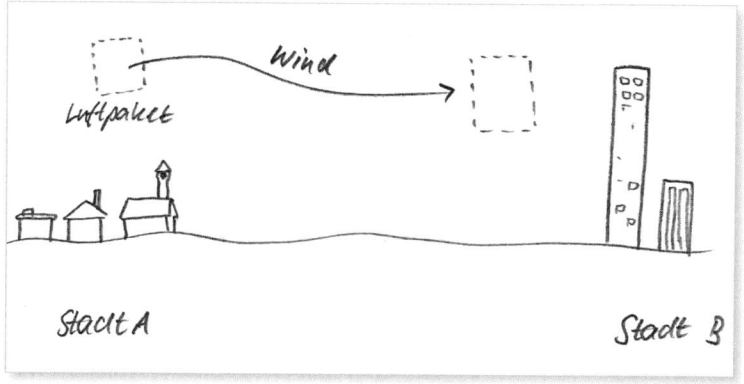

Die Windstärke wird meistens mit einer Art Windrad gemessen. Darin steckt unten so etwas wie ein Dynamo. Wie bei eurem Fahrrad produziert dieser mehr Strom, je schneller er sich dreht. Also kann man an der Stromstärke die Windstärke ablesen.

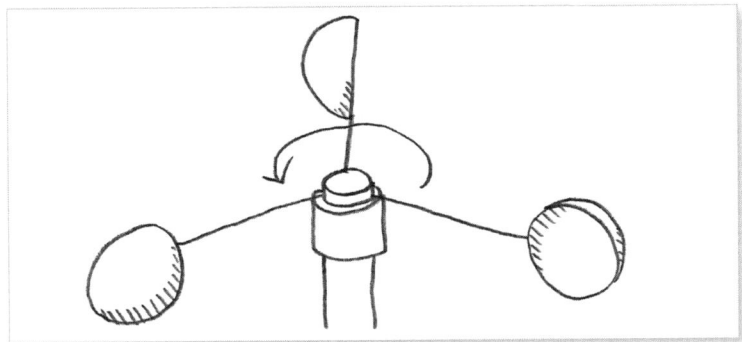

Für eine richtige Wetterstation braucht man also eine Reihe von Messgeräten. Einige sind sehr einfach – Thermometer gibt es in jedem Baumarkt und den Regen kann man messen, indem man einen einfachen Becher nach draußen stellt. Ein Barometer und ein Hygrometer wollen wir uns jetzt selbst basteln.

MATERIAL-LISTE

Für das Barometer (Luftdruck-Messgerät):

- Plastik-Lineal (10 cm)
- Wasserglas
- Durchsichtiger Strohhalm
- Knete oder Kaugummi
- Durchsichtiges Klebeband

Für das Hygrometer
(Luftfeuchtigkeit-Messgerät):

- Ein Stück feste Pappe, Styropor oder ein dünnes Brett aus Holz (ca. 10 cm x 20 cm)
- Ein glattes Stück Plastik, z.B. eine alte Bank-karte oder ein Stück feste Plastikverpackung (ca. 7 cm x 3 cm)
- Zwei Reißzwecken
- Mindestens drei Haare (20 cm lang)
- Eine Cent-Münze
- Klebstoff (am besten Sekundenkleber), Klebe-band, Schere

Sonstige praktische Wetter-Messgeräte

- Außenthermometer
- Messbecher um Regenmengen zu bestimmen

SO WIRD'S GEMACHT: LUFTDRUCK-MESSGERÄT (BAROMETER)

Mit dem Barometer können wir den Luftdruck abschätzen und sehen, wenn sich dieser verändert. Als grobe Faustregel gilt: Steigt der Luftdruck, wird das Wetter schöner und wenn der Luftdruck fällt, wird das Wetter schlechter.

Klebt den Strohhalm mit dem Klebeband auf das Lineal, möglichst nah an die Millimeter-Striche, sodass ihr den Wasserstand später leichter ablesen könnt.. Achtet darauf, dass zwischen dem unteren Ende von Strohhalm und Lineal etwa zwei Millimeter Abstand sind, damit der Strohhalm später nicht direkt auf dem Boden des Glases aufsetzt.

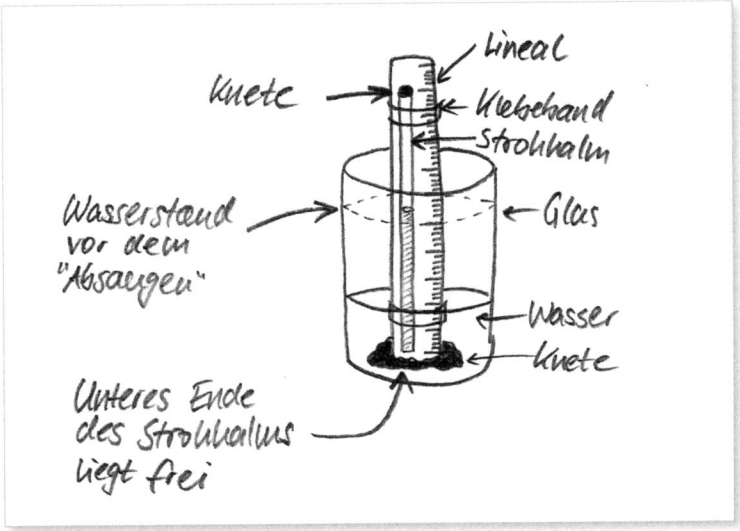

Stellt das Lineal in das Glas und befestigt es mit einer ordentlichen Menge Knete.

Als nächstes befüllt ihr das Glas mit Wasser, am besten bis kurz unterhalb vom Rand. Jetzt klebt ihr das obere Ende des Strohhalms mit Knete zu. Keine Luft darf mehr rein oder raus. Am besten drückt ihr die Knete einen Zentimeter tief rein und formt oben drauf eine kleine Kugel.

Jetzt kommt ein Trick: Wir entfernen das Wasser aus dem Becher, bis dieses nur noch ca. 2 cm hoch steht. Dazu könnt ihr einfach einen zweiten Strohhalm benutzen und das Wasser raus saugen. Wenn die Knete richtig dichtet, müsste jetzt das Wasser im Strohhalm höher stehen als im Glas. Fertig ist das Barometer!

SO FUNKTIONIERT ES: LUFTDRUCK-MESSGERÄT

Das Wasser im Strohhalm möchte am liebsten nach unten abfließen. Dazu müsste aber Luft von oben im Strohhalm nach-fließen. Weil wir das Ende abgedichtet haben, kann das nicht passieren. Es entsteht ein **Unterdruck** im luftgefüllten Teil des Strohhalms. Wenn jetzt der Luftdruck der Atmosphäre steigt, drückt die Umgebungsluft das Wasser weiter in den Strohhalm hinein. Der »Pegel« im Strohhalm steigt! Andersherum kann der Pegel auch sinken, sobald der Luftdruck der Atmosphäre sinkt. Wenn ihr euch regelmäßig den aktuellen Pegelstand notiert, könnt ihr so feststellen, ob der Luftdruck gerade steigt (schönes Wetter kommt) oder sinkt (schlechtes Wetter kommt). Benutzt einfach meine kleine Tabelle und zeichnet ein passendes Schaubild zu den Werten. Passt die y-Achse (Pegel-stand) an eure Werte an, indem ihr den ersten Wert in der Mitte eintragt und entsprechend die Achse beschriftet.

Tag	Datum	Pegelstand (cm)	Bemerkungen
1			
2			
3			
4			
5			
6			
...			

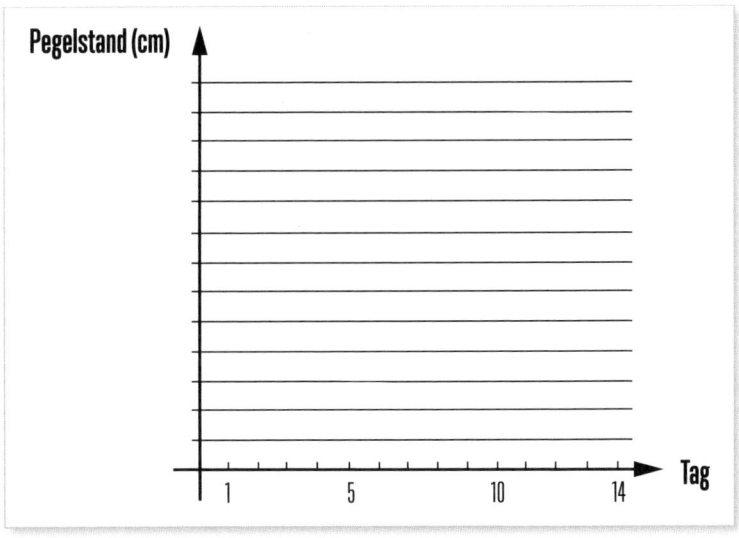

Leider ist der Luftdruck nicht das einzige, das den Pegelstand beeinflusst. Auch die Temperatur kann dafür sorgen, dass der Pegel schwankt. Deshalb solltet ihr das Barometer am besten an einem geschützten Ort aufstellen, an dem immer etwa die gleiche Temperatur herrscht. Und natürlich sollte immer genug Wasser im Glas sein – also ab und zu mal nachkippen.

SO WIRD'S GEMACHT: LUFTFEUCHTIGKEIT-MESS-GERÄT (HYGROMETER)

Es ist schwierig, der Luft anzusehen, wie viel Feuchtigkeit in ihr steckt (wenn man sich nicht gerade in einer Wolke befindet). Deshalb benutzen wir einen Trick, um das herauszufinden.

Haare reagieren auf Luftfeuchtigkeit! Je höher die Luftfeuchtigkeit ist, desto länger das Haar. Sorry, Mädels – leider sind diese Längenänderungen ziemlich gering und man kann nicht mal eben drei Zentimeter dazu gewinnen. Trotzdem reicht die Längenänderung aus, um sie zu messen und daraus Rückschlüsse auf die Luftfeuchtigkeit zu ziehen.

Als erstes basteln wir uns einen Zeiger aus einem Stück Plastik (z.B. eine abgelaufene Bankkarte). Je länger der Zeiger, desto besser. Eine Vorlage zum Ausschneiden habe ich euch unter dem QR-Code zum Download hinterlegt.

Stecht mit einer Reißzwecke ein Loch in das dicke Ende des Zeigers und dreht das Plastik ein bisschen hin und her, so dass sich der Zeiger frei bewegen kann. Klebt die Münze in die Mitte des Zeigers. Dann kommt der Zeiger auf den unteren Teil des Bretts aus Pappe, Holz oder Styropor. Befestigt ihn mit der Reißzwecke und achtet wieder darauf, dass sich der Zeiger komplett frei bewegen kann. Ein guter Test: Wenn ihr das Brett dreht, sollte der Zeiger immer von selbst nach unten baumeln. Wenn das nicht der Fall ist, macht das Loch ein bisschen größer und drückt die Reißzwecke nicht zu stark rein.

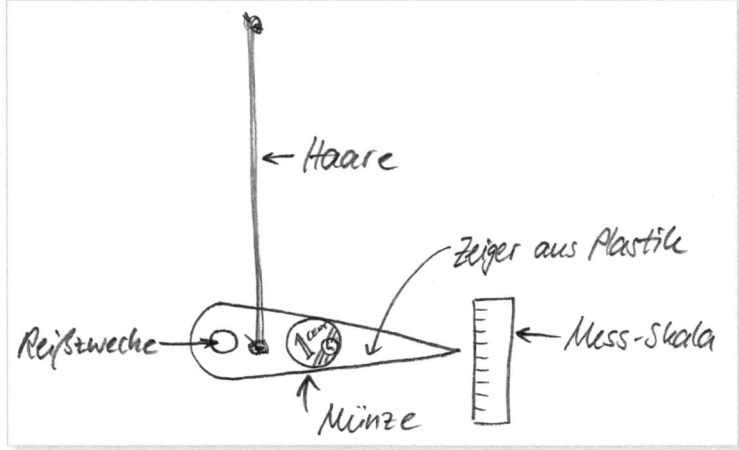

Jetzt kommt das Herzstück des Messgeräts: die Haare. Dieser Versuch ist eine super Gelegenheit, um hübsche Frauen mit langen Haaren anzusprechen. Wer würde nicht im Dienste der Wissenschaft drei lange Haare spenden?

Am besten verknotet ihr das Bündel an einem Ende, spannt die Haare und macht einen Knoten in das andere Ende. Alle Haare sollten vollständig gespannt sein, wenn man das Bündel auseinander zieht. Das eine Ende kleben wir jetzt mit Flüssigkleber auf den Zeiger. Je näher Richtung Aufhängung, desto größer wird später der Ausschlag des Zeigers. Das andere Ende der Haare kleben wir oben auf das Brett und zwar so, dass der Zeiger waagerecht steht, wenn man das Brett hochkant hinstellt.

Macht eine Kopie von dieser Seite und schneidet die Skala aus oder ladet die Grafik über den QR-Code herunter und druckt sie aus. Diese Skala könnt ihr jetzt mit Klebeband so auf dem Brett befestigen, dass der Zeiger auf »null« steht.

Wenn ihr jetzt das Brett aufstellt, sollte der Zeiger von den Haaren fest gehalten werden. Testet, ob sich der Zeiger leicht nach oben bewegen lässt, wenn ihr vorsichtig an den Haaren zieht.

SO FUNKTIONIERT ES: LUFTFEUCHTIGKEIT-MESSGERÄT

Wenn sich jetzt die Luftfeuchtigkeit ändert, wird sich auch die Länge der Haare ändern. Je größer die Luftfeuchtigkeit, desto länger das Haar. Das überträgt sich auf den Zeiger, der entsprechend nach oben oder unten wandert. Steht der Zeiger weiter unten, ist die Luftfeuchtigkeit größer. Erhöhte Luftfeuchtigkeit kann bedeuten, dass Regen im Anmarsch ist.

ALLES KLAR – WIE BEKOMME ICH JETZT MEINE WETTERVORHERSAGE?

Jetzt habt ihr Profi-Equipment um eure eigene Wettervorhersage zu erstellen. Hier kommt die schlechte Nachricht: Vorhersagen haben sehr viel mit Geduld zu tun. Denn erst mal braucht man Messdaten. Ladet euch über den QR-Code meine kleine Messtabelle runter oder macht eine Kopie von der Tabelle am Ende dieses Kapitels. Dort könnt ihr jeden Tag eintragen, was eure Messgeräte anzeigen. Die groben Faustregeln von oben werdet ihr sicher beobachten können: Steigt der Luftdruck, wird das Wetter besser, fällt er, wird es schlechter. Und steigt die Luftfeuchtigkeit, steigt das Regenrisiko. Wenn die Temperatur über mehrere Tage steigt und beim Luftdruck keine abrupten Änderungen auftreten, kann man davon ausgehen, dass es weiterhin schön bleibt. Fällt aber plötzlich der Luftdruck ab, wird sich das wahrscheinlich auch in der Temperatur bemerkbar machen.

Das Tolle ist: Ihr müsst euch gar keine Wetter-Regeln merken, denn ihr werdet eure eigenen Regeln entdecken. Wenn ihr mal zwei bis vier Wochen lang jeden Tag Messungen gemacht habt, könnt ihr genau sehen, welche Auswirkungen die einzelnen Messwerte auf das Wetter haben. Herzlichen Glückwunsch, ihr seid schon fast Meteorologen!

Datum	Uhrzeit	Temperatur	Luftdruck	Luftfeuchtigkeit	Niederschlag	Aktuelles Wetter
15.09.	11:00	19 °C	4,5 cm	-1,3	keiner	Sonnig
	19:00	21 °C	3,9	-0,5	keiner	bewölkt

WOHER WEISS MAN, WIE DAS WETTER WIRD? - WETTERVORHERSAGEN IM GROSSEN STIL

Im Fernsehen oder in der Zeitung sieht man meistens große Wetterkarten. Dort sind dann die Temperaturen für verschiedene Städte eingezeichnet oder wo es regnet und wo die Sonne scheint. Man könnte vielleicht meinen, dass an jedem dieser Orte einer sitzt, der mit seiner Wetterstation (so einer wie unserer ...) versucht zu schätzen, wie das Wetter am nächsten Tag wird. Früher hat man das auch so ähnlich gemacht. Heute, im Zeitalter der Internets, ist das natürlich alles viel besser vernetzt.

Weil das Wetter an einem bestimmten Ort über kurz oder lang Auswirkungen auf das Wetter an einem anderen Ort hat, ist es für die Wettervorhersage wichtig, möglichst viele Messdaten zu haben. Es gibt ein richtiges Netzwerk von Messstationen, meistens sogar mehrere in jeder Stadt. Dort sind Geräte installiert, die all die Werte messen, die ihr gerade kennen gelernt habt. Wenn man weiß, wo genau die Stationen stehen, kann man aus all diesen Daten ausrechnen, wie sich das Wetter in nächster Zeit entwickeln wird. Je mehr solcher Messstationen es gibt, desto mehr Daten haben die Wissenschaftler zur Verfügung und desto genauer können sie auch Vorhersagen machen. Diese Wissenschaftler heißen Meteorologen – sie erstellen die Wettervorhersagen.

PIMP MY WIFI – WLAN-HACKS FÜR ZU HAUSE

easy

10 Minuten

Elektrodynamik, Interferenz

http://phils-physics.de/wlan

Hättet ihr gedacht, dass in eurer Wohnung gerade ein riesiges Feuerwerk abgeht? Ein Feuerwerk aus elektromagnetischer Strahlung. Euer Handy funkt und eure Mikrowelle strahlt. Jedes elektrische Gerät produziert elektromagnetische Wellen. Und auch euer WLAN-Router versucht, seine Signale in das entlegenste Eck eurer Wohnung zu schicken.

Wenn man all die elektromagnetischen Strahlen sehen könnte, würde man wahrscheinlich verrückt werden. Zum Glück ist nur ein kleiner Teil der elektromagnetischen Strahlung für den Menschen sichtbar. Nämlich das, was wir als Licht in verschiedenen Farben kennen. Aber im Prinzip ist das, was aus Mikrowelle, WLAN-Router & Co. kommt, das gleiche wie Licht: eine elektromagnetische Welle. Bei Wellen kann alles Mögliche schief gehen. Sie können sich gegenseitig überlagern, sich stören oder sich sogar gegenseitig auslöschen. Das merkt man spätestens dann, wenn man über das schlechte WLAN-Signal schimpft. Wie ihr dieses Problem angehen könnt, checken wir in diesem Kapitel.

MATERIAL-LISTE

- ✓ Alu-Folie
- ✓ Klebestift
- ✓ Schnittvorlagen (Download über den QR-Code)
- ✓ dünne Pappe (Tonpapier oder von einer Müsli-packung)
- ✓ Schere oder Cutter

SO WIRD'S GEMACHT: WLAN-VERSTÄRKER SELBSTGEMACHT

Verteilt ordentlich Klebstoff auf der Rückseite der rechteckigen Vorlage und klebt diese auf das Tonpapier, so dass der Aufdruck auf der Vorderseite zu sehen ist. Wenn der Kleber getrocknet ist, wiederholt das ganze und klebt diesmal die Alu-Folie auf das Tonpapier. Streicht alles schön glatt. Wenn der Klebstoff getrocknet ist, schneidet die Vorlage entlang der Linien aus. An den Stellen, wo im Inneren der Vorlage ein Strich ist, macht ihr einen Schlitz. An die Stellen, an denen ein Kreis mit Fadenkreuz ist, macht ihr ein Loch. Da kommt später die Antenne des WLAN-Routers durch.

Jetzt könnt ihr den fächerförmigen Teil der Vorlage vorsichtig so biegen, dass die kleinen Laschen in die Schlitze des anderen Teils passen.

Zum Schluss steckt ihr den Verstärker einfach auf die Antenne eures WLAN-Routers. Richtet den Verstärker so aus, dass die offene Seite in die Richtung zeigt, in die ihr das WLAN-Signal verstärken wollt.

Falls euer Router keine Antennen hat, müsst ihr ein bisschen experimentieren. Probiert dann einfach aus, an welche Stelle ihr den Verstärker-Schirm halten müsst, damit das WLAN-Signal besser wird.

SO FUNKTIONIERT ES

Die Funkwellen aus dem WLAN-Router werden an der Aluminiumfolie reflektiert. Der Verstärker hat eine besondere Form. Sie ist so ähnlich wie die einer Satellitenschüssel. Man nennt sie parabolisch. Bei der Satellitenschüssel werden eintreffende

Funkwellen vom Satellit alle auf den eigentlichen Empfänger gelenkt, damit dort das Signal stark ist.

Bei unserem Setup funktioniert das genauso. Die Antenne des Routers strahlt in alle Richtungen. Die Wellen, die auf unseren Verstärker treffen, werden in eine bestimmte Richtung umgelenkt, nämlich in Richtung der Öffnung. Wenn ihr also den Verstärker in Richtung eures Zimmers dreht, kommt dort ein stärkeres Signal an. Und umgekehrt werden Funkwellen von eurem Computer auf die Antenne des WLAN-Routers fokussiert.

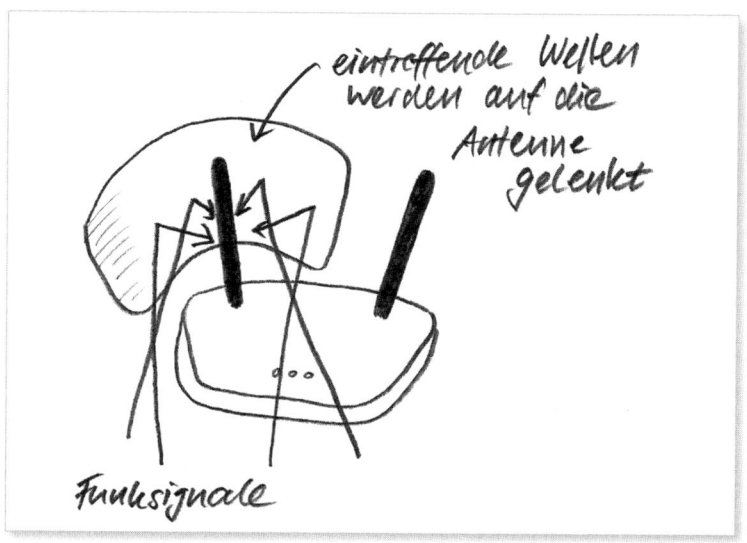

WAS BEIM WLAN NOCH SO ALLES SCHIEF GEHEN KANN

Ihr habt gesehen, dass eine dünne Alu-Folie schon ausreicht, um das Signal des WLAN-Routers massiv zu beeinflussen. In eurer Wohnung gibt es möglicherweise noch andere Effekte, die sich auf das WLAN-Signal auswirken.

Hier ein paar Tipps für bessere Funkverbindungen.

WLAN-ROUTER NICHT IN DER NÄHE EINER MASSIVEN WAND AUFSTELLEN

In manchen Wänden verlaufen Rohre. Dort kann das gleiche passieren wie bei der Alu-Folie: Die Welle wird reflektiert. Allerdings nicht so, dass das Signal besser wird, sondern es wird dadurch weiter gestreut. Daher stellt ihr den Router am besten mit ein wenig Abstand zu den Wänden auf, idealerweise nicht neben tragenden Wänden mit Rohren.

DEN FUNKKANAL RICHTIG AUSWÄHLEN

Gerade in Mehrfamilienhäusern kommt es zu einem regelrechten WLAN-Salat. Jeder hat ein eigenes Funknetz und die meisten Leute machen sich nicht einmal die Mühe, die Einstellungen des Routers zu checken. Daher kann es vorkommen, dass eure Nachbarn auf demselben WLAN-Kanal funken wie ihr. Das bedeutet, dass die Frequenz des Signals gleich ist. Das wiederum sorgt dafür, dass sich die Funkwellen gegenseitig stören. Benutzt das WLAN-Einstellungsmenü eures Computers um herauszufinden, auf welchen Kanälen eure Nachbarn funken. Es gibt 14 Kanäle. Die Faustregel: Ihr solltet etwa 6 Kanäle Abstand zu anderen starken Funknetzen haben. Wenn also euer Nachbar auf Kanal 4 funkt, sind die Kanäle 10-14 für euch geeignet.

ANTENNEN RICHTIG AUSRICHTEN

Wenn euer Router externe Antennen hat, sollten diese senkrecht zueinander stehen. Eine nach oben, eine zur Seite. Warum? Die Kommunikation zwischen Router und Antenne funktioniert am besten, wenn die jeweiligen Antennen von Sender und Empfänger parallel ausgerichtet sind. In jedem Gerät kann die WLAN-Antenne anders liegen. Indem ihr die Antennen beim Router senkrecht zueinander stellt, erhöht ihr die Wahrscheinlichkeit, dass eine der beiden richtig steht.

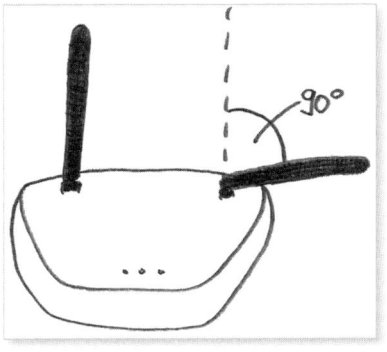

WLAN-ROUTER AKTUALISIEREN

Lest im Handbuch nach, wie ihr euch in eurem Router einloggen könnt. Das geht meistens ganz einfach über euren Browser. Dort könnt ihr das aktuellste Betriebssystem für den Router herunterladen. Damit wird oft auch die Leistung des Routers verbessert. Wie genau das geht, steht im Handbuch. Wenn das verschwunden ist, könnt ihr eine Anleitung ganz leicht im Netz finden. Einfach die Typenbezeichnung eures Routers bei Google eingeben.

MISSION BUCH – DANKSAGUNG

Text in den Computer tippen, das muss man alleine, aber Magie entsteht erst durch Erfahrungen, Gespräche und Erlebnisse mit anderen. Dieses Buch wäre nicht möglich ohne eine ganze Menge Leute. Vielen Dank euch allen – insbesondere:

- Thorsten, Ulrike, Luana und Quirin Bauer für die leuchtenden Augen, die Begeisterungsfähigkeit, den Rückhalt und die Unterstützung,
- allen Kindern, Lehrerinnen und Lehrern der Montessori-Schule Hausham für eure fantastische Unterstützung und den Spaß beim gemeinsamen Experimentieren,
- Axel Pfeiffer, Marc Waberski und André Scherer von I&U für den Mut, die grandiose gemeinsame Produktion des Phils-Physics-YouTube-Kanals anzugehen und Wissensfernsehen für junge Leute zu veranstalten,
- Jacob Beautemps von I&U für das außergewöhnliche Engagement und die unvergesslichen Dreharbeiten zum YouTube-Kanal,
- Malte Hentschel von excentric ARTIST MANAGEMENT für den unermüdlichen Support von Anfang bis Ende,
- Verena Schörner und Julia Loschelder von Komplett-Media für das Vertrauen in dieses Buchprojekt,
- Bernd Riedel und Eugen Litwinow von Ellery Studio für das großartige Cover-Design und den kreativen Austausch,
- Anke Hertzsch, Dominik, Celina, Saskia vom SOS Kinderdorf Ammersee-Lech für das gemeinsame Experimentieren und die tollen Anregungen,

- Sarah Brenner für die Inspiration, die weit über Rechtschreibkorrekturen hinausgeht,
- Janosch Liandro für den einzigartigen Blick auf die Dinge,
- Annette, Dieter, Amélie und Isabelle Grupp für die fachkundige Beratung in Sachen Buchcover,
- Dr. Silvia Rohr für die guten Anregungen und tollen Gespräche,
- Konrad Viebahn für das gemeinsame Abenteuer »Physik-Bachelor« und die daraus entwachsene inspirierende Freundschaft,
- meinem Physiklehrer Hartmut Jetter für die Initialzündung und das Gefühl für Freude an Physik,
- Harald Lesch für die beflügelnde Zusammenarbeit beim ZDF und das tolle Vorwort,
- Professor Daniel Cremers für die Freiheit, all das neben meiner Promotion an der TU München machen zu dürfen,
- allen treuen Fans, Followern und Abonnenten, die mich jeden Tag auf's Neue motivieren, dieses und andere Physik-Projekte mit voller Energie zu verfolgen,
- und meinen Eltern für die Begeisterungsfähigkeit, die ihr mir mitgegeben habt.

PHIL'S PHYSICS LEXIKON

Bewegungsenergie
(Kapitel: Mobiles Handy-Ladegerät selbstgemacht: mit einem Akku-schrauber ohne Akku!))

Energie kann viele verschiedene Formen haben. Wenn sich ein Objekt bewegt, dann hat es Bewegungsenergie. Je schneller zum Beispiel ein Fahrzeug ist (und je schwerer es ist), desto mehr Bewegungsenergie hat es. In einem Auto wandelt ein Motor die im Benzin gespeicherte Energie in Bewegungsenergie um. Es geht aber auch ohne Benzin, zum Beispiel, wenn ein Auto einen Berg hinunter fährt. Dann wandelt es seine Lageenergie in Bewegungsenergie um.

Beugung
(Kapitel: Meister des Lichts: Magische Photonen zähmen – mit einer CD!)

Beugung ist ein Phänomen, das bei (Licht-)Wellen auftritt. Wenn Wellen auf ein Hindernis treffen (zum Beispiel auf einen schmalen Schlitz), werden manche Anteile der Welle danach in andere Richtungen gelenkt. Dieser Effekt ist nur dann deutlich zu beobachten, wenn das Hindernis ähnlich groß ist wie die Wellenlänge.

Bildweite
(Kapitel: Wie du mit deinem Smartphone Unsichtbares sichtbar machen kannst – das Handy-Mikroskop, Beamer aus einem Smartphone)

Wenn ihr einen Gegenstand mit einer Lupe vergrößern wollt, dann haltet ihr die Lupe zwischen euer Auge und den Gegenstand. So könnt ihr zwei Abstände definieren: zwischen Lupe und Gegenstand (Gegenstandsweite) und zwischen Lupe und Abbildung (Bildweite).

Brechung
(Kapitel: Wie du mit deinem Smartphone Unsichtbares sichtbar machen kannst – das Handy-Mikroskop; Beamer aus einem Smartphone; Meister des Lichts: Magische Photonen zähmen – mit einer CD!)

Eine (Licht-)Welle bewegt sich durch Luft, durch Glas, durch Wasser und viele andere sogenannte Medien. Beim Übergang zwischen zwei

Medien (also zum Beispiel von Luft zu Wasser) tritt Brechung auf. Dabei wird die Welle ein Stückchen von ihrer Ausbreitungsrichtung abgelenkt, beschreibt also eine Art Knick. Wie stark diese Ablenkung ist, hängt von der Wellenlänge, dem Einfallswinkel und den beiden Medien ab, in denen sich die Welle vorher und nachher ausbreitet.

Brennweite
(Kapitel: Wie du mit deinem Smartphone Unsichtbares sichtbar machen kannst – das Handy-Mikroskop; Beamer aus einem Smartphone)

Linsen gibt es in vielen verschiedenen Formen und Größen. Dick, dünn, konvex (auf beiden Seiten nach außen gewölbt) oder konkav (auf beiden Seiten nach innen gewölbt). Eine wichtige Kenngröße von Linsen ist die Brennweite. Sie gibt – vereinfacht gesagt – an, wie stark eine Linse das Licht bricht, also ablenkt.

Drehmoment
(Kapitel: Mobiles Handy-Ladegerät selbstgemacht: mit einem Akkuschrauber ohne Akku!)

Wenn ihr einen Kasten Sprudel in der Luft halten wollt, braucht ihr dazu eine bestimmt Kraft. Diese Kraft muss entgegen der Erdanziehung gerichtet sein. Also nach oben. Egal, wo ihr gerade seid. So weit so gut. Wenn ihr einen Gegenstand im Kreis bewegen wollt, braucht ihr auch eine Kraft. Die zeigt aber nicht immer in die gleiche Richtung, sondern immer tangential, also entlang der Kreisbahn. Was bei geradlinigen Bewegungen (Sprudelkasten) die Kraft ist, ist bei Drehbewegungen das Drehmoment. Es sorgt dafür, dass sich etwas dreht. Beim Akkuschrauber beispielsweise der Bohrer. Je größer das Drehmoment, desto »stärker« ist der Bohrer. Und ja, es heißt »das« Drehmoment.

Elektrische Energie
(Kapitel: Mobiles Handy-Ladegerät selbstgemacht: mit einem Akkuschrauber ohne Akku!)

Ein Fahrraddynamo ist in der Lage, Bewegungsenergie (Drehung des Dynamo-Kopfes) in elektrische Energie umzuwandeln, die dann die Fahrradlampe betreibt. Elektrische Energie ist also die Energie, die umgesetzt wird, wenn ein Strom mit einer bestimmten Stärke bei einer bestimmten Spannung eine bestimmte Zeit lang fließt. Wie alle Energieformen lässt sich auch die **elektrische Energie** umwandeln, etwa in Bewegungsenergie (beim Elektromotor).

Elektrische Leitfähigkeit
(Kapitel: Nie mehr kalte Finger beim Handytippen im Winter – Touchscreen-Handschuhe selbstgemacht)

Strom fließt dann, wenn sich geladene Teilchen von einem Ort zum anderen bewegen. Meistens sind diese Teilchen Elektronen. Elektronen gehören zu den Bestandteilen von Atomen. Und aus Aromen sind die Gegenstände um uns herum aufgebaut. Allerdings besitzt nicht jedes Material Elektronen, die frei beweglich sind. Und das ist nötig, damit Strom fließen kann. In Metallen beispielsweise gibt es viele frei bewegliche Elektronen, die von Atom zu Atom hüpfen können. Deshalb haben Metalle eine hohe Leitfähigkeit. Andere Stoffe, wie zum Beispiel Wolle, haben deutlich weniger frei bewegliche Elektronen. Hier kann kaum Strom fließen. Die elektrische Leitfähigkeit ist sehr gering und man nennt diese Stoffe dann Isolatoren.

Elektrische Spannung
(Kapitel: Elektromotor selbstgebaut; Feuer machen für Physiker)

Der Name deutet es schon an: Wenn irgendwo Spannung herrscht, dann wird dringend ein Ausgleich benötigt. Egal, ob das die Spannung am Gürtel ist, wenn man zu viel gegessen hat oder ob es sich um die Spannung zwischen zwei rivalisierenden Banden handelt. Das erste Problem löst sich biologisch meistens von selbst, das zweite kann im Idealfall durch Austausch von Argumenten behoben werden. Bei der elektrischen Spannung ist das nicht anders: Hier gibt es an einer Stelle einen Überschuss an positiv geladenen Teilchen und woanders einen Überschuss an negativ geladenen Teilchen. Ladungen wollen aber nicht getrennt sein, sondern sind bestrebt, sich »auszugleichen« – so dass an jedem Ort ungefähr gleich viele positive wie negative Ladungen sind. Je größer also die elektrische Spannung, desto stärker ist diese »Ladungstrennung«. Das Praktische ist: Wenn man die beiden Bereiche, auf die sich die Ladungen aufgeteilt haben, mit einem elektrischen Leiter verbindet, sorgen die Ladungen selbst für einen Ausgleich. Wenn sich Ladungen bewegen, nennt man das elektrischen Strom – und der kann so stark sein, dass er nicht nur für einen Ladungsausgleich sorgt, sondern nebenbei noch ein Gerät (zum Beispiel eine Glühbirne) antreibt. Die Einheit der Spannung ist Volt.

Elektrischer Kreis, elektrischer Stromkreis

(Kapitel: Mobiles Handy-Ladegerät selbstgemacht: mit einem Akkuschrauber ohne Akku!)

Wenn ihr eine Glühbirne an eine Batterie anschließt, habt ihr einen elektrischen Stromkreis gebaut. Das bedeutet, dass es eine geschlossene leitende Verbindung zwischen Plus- und Minuspol an der Batterie gibt. Ladungen können dann vom einen Ende der Batterie zum anderen fließen, wenn die Spannung genügend groß ist. Wird der Stromkreis unterbrochen, kann kein Strom mehr fließen, die Glühbirne erlischt.

Elektrischer Strom, elektrische Stromstärke

(Kapitel: Elektromotor selbstgebaut; Feuer machen für Physiker; Strom aus Münzen)

Die elektrische Stromstärke gibt an, wie viele Ladungen sich in einer bestimmten Zeit durch einen elektrischen Leiter bewegen. Das kann man sich vorstellen, als würde man auf dem Kabel sitzen und zählen, wie viele Elektronen beispielsweise in zehn Sekunden vorbei kommen. Je größer die elektrische Spannung, desto größer die elektrische Stromstärke (wenn sonst alles gleich bleibt). Diese wird in Ampere gemessen. Gefährlich für einen Menschen ist übrigens nicht eine hohe elektrische Spannung. Gefährlich ist eine hohe elektrische Stromstärke. Elektrische Widerstände können die Stromstärke steuern.

Elektrischer Widerstand

(Kapitel: Elektromotor selbstgebaut; Feuer machen für Physiker)

In einem elektrischen Stromkreis sind elektrische Widerstände wie »Engpässe«, die den elektrischen Strom bremsen. So kann man gezielt die Stromstärke oder die Spannung regulieren. Ein Widerstand muss gegen die Spannung arbeiten, deshalb wird er meistens warm. Die Einheit für den elektrischen Widerstand ist Ohm.

Elektrisches Feld
(Kapitel: Auf Schatzsuche – Metalldetektor selbst gebaut)

»Felder« sind eines der wahrscheinlich am schwersten vorstellbaren Konzepte in der Physik. Man kann sie nicht direkt sehen. Bei einem Magnetfeld ist das Feld immerhin spürbar: Wenn man einen metallischen Gegenstand in die Nähe eines Magneten hält, wird dieser angezogen. Je größer der Abstand, desto geringer die Anziehungskraft. So ähnlich ist das auch mit der Erdanziehung. Hier spricht man von einem Gravitationsfeld (Gravitation bedeutet Schwerkraft). Felder haben immer Quellen. Den Magnet etwa oder im Falle der Schwerkraft die Erde mit ihrer unglaublich großen Masse. Ein weiterer Effekt von Feldern ist, dass sie auf manche Körper Kräfte ausüben. Magnetfelder üben Kräfte auf (ferromagnetische) Metalle aus. Die Quelle für elektrische Felder sind Ladungen. Und diese Felder üben wiederum Kräfte auf andere Ladungen aus.

Elektromagnetisches Feld
(Kapitel: Auf Schatzsuche – Metalldetektor selbst gebaut)

Ein elektromagnetisches Feld besteht aus einem gekoppelten magnetischen und elektrischen Feld (siehe **elektrisches Feld**).

Elektromagnetische Wellen
(Kapitel: Auf Schatzsuche – Metalldetektor selbst gebaut; Superkräfte selbstgemacht: Ein Nachtsichtgerät aus einer alten Digitalkamera; Top-Secret Bildschirm - ein Monitor, dessen Inhalt nur ihr sehen könnt!; Pimp My WiFi – WLAN-Hacks für zu Hause)

Wellen kennt ihr vom Meer: Etwas bewegt sich auf und ab, mit einem bestimmten Abstand zwischen zwei Wellenbergen (der sogenannten Wellenlänge). Eine elektromagnetische Welle ist ein elektromagnetisches Feld, das sich wellenartig ausbreitet (siehe **elektromagnetisches Feld**).

Elektronen, Atome
(Kapitel: Elektrische Ladung sichtbar machen – mit dem Elektroskop; Strom aus Münzen)

Crashkurs Atomphysik: Unsere Welt ist aus Atomen aufgebaut. Die kann man sich erst einmal als winzige Kügelchen vorstellen, die so klein sind, dass man sie nicht mit einem normalen Lichtmikroskop sehen kann. Mehrere von diesen Atomen zusammen formen Moleküle und die wiederum bilden die Stoffe, die wir anfassen können. Ein Atom selbst besteht aber auch wiederum aus kleineren Teilen. Es gibt einen Atomkern, der verhältnismäßig groß und schwer in der Mitte sitzt. Er wird gebildet aus Protonen (positiv geladen) und Neutronen (keine Ladung). Um diesen Atomkern herum schwirren Elektronen (negativ geladen). Diese Elektronen können auch mal abhauen und so Ladung transportieren. Ein Atom ist aber immer bestrebt, elektrisch neutral zu sein, also gleich viele Elektronen wie Protonen zu beherbergen.

Flüssigkristall
(Kapitel: Top-Secret Bildschirm – ein Monitor, dessen Inhalt nur ihr sehen könnt!)
Ein Flüssigkristall ist ein Kristall, der Eigenschaften einer Flüssigkeit hat. Insbesondere ändert er seine Wirkung auf Licht, wenn man Spannung anlegt. So können in einem Flüssigkristall-Bildschirm (liquid crystal display, kurz LCD) die einzelnen Bildpunkte elektrisch angesteuert werden.

Gegenstandsweite
(Kapitel: Wie du mit deinem Smartphone Unsichtbares sichtbar machen kannst – das Handy-Mikroskop; Beamer aus einem Smartphone)
Siehe **Bildweite**

Induktion
(Kapitel: Elektromotor selbstgebaut)
Geladene Teilchen werden von elektrischen und magnetischen Feldern beeinflusst (siehe **elektromagnetisches Feld**). Durch eine geeignete Anordnung von einem Magnetfeld (beispielsweise) kann man es schaffen, dass sich Ladungen in Bewegung setzen. So kann man einen Plus- und einen Minuspol erzeugen, damit eine Spannung und einen elektrischen Strom. Andersrum kann eine Bewegung erzeugt werden, wenn ein Strom durch ein Magnetfeld fließt.

Infrarotlicht
(Kapitel: Superkräfte selbstgemacht: Ein Nachtsichtgerät aus einer alten Digitalkamera)

»Infra« bedeutet »unter«. Infrarot heißt also »unter rot«. Wenn ihr euch das elektromagnetische Spektrum aufzeichnet, liegt Infrarot unterhalb des Frequenzbereichs von rotem Licht. Die Frequenz ist kleiner als die von rotem Licht. Man kann Infrarot mit dem menschlichen Auge nicht sehen. Schlangen beispielsweise sind allerdings in der Lage, Infrarotlicht wahrzunehmen, das von warmen Körpern abgestrahlt wird. So können sie im Dunkeln ihre Beute ausmachen.

Infraschall
(Kapitel: Superkräfte selbstgemacht: Ein Nachtsichtgerät aus einer alten Digitalkamera)

Ähnlich wie bei Infrarot liegt Infraschall unter dem vom Menschen wahrnehmbaren Frequenzbereich der Schallwellen.

Ionen
(Kapitel: Strom aus Münzen; Weltraumstrahlung sichtbar machen – mit dem Teilchendetektor für's Wohnzimmer)

Ein Ion ist ein elektrisch geladenes Atom oder Molekül. Das bedeutet, dass das Teilchen entweder einen Überschuss oder einen Mangel an negativen Ladungen (Elektronen) hat.

Ionisieren
(Kapitel: Weltraumstrahlung sichtbar machen – mit dem Teilchendetektor für's Wohnzimmer)

Normalerweise ist ein Atom oder Molekül nach außen elektrisch neutral, es enthält dann gleich viele positive und negative Ladungen. Es kann aber passieren, dass das Teilchen Elektronen (negativ geladene Teilchen) abgibt oder aufnimmt. Dann ist es nicht mehr elektrisch neutral, sondern trägt eine Ladung. Das Teilchen ist ionisiert. Wenn energiereiche Strahlung auf ein Teilchen trifft, kann sie Elektronen »herausschlagen« und das Teilchen so ionisieren.

Kondensieren

(Kapitel: Weltraumstrahlung sichtbar machen – mit dem Teilchendetektor für's Wohnzimmer)

Kondensieren heißt auf Deutsch so viel wie »verdichten«. Was verdichtet sich da? Ein Gas! Klingt total verrückt? Passiert aber ständig. Zum Beispiel im Sommer, wenn ihr ein eiskaltes Getränk auf den Tisch stellt, setzt sich außen Feuchtigkeit ab. Das ist Wasserdampf aus der Luft, der am kalten Glas kondensiert. Oder im Winter: Da beschlagen oft die Scheiben von innen, weil sich Wasserdampf an der kalten Scheibe anlagert und flüssig wird. Warum passiert das immer an kalten Objekten? Weil dort die Luft auch kälter ist. Kalte Luft kann weniger Feuchtigkeit aufnehmen. Kühlt ein Luftpaket mit einer bestimmten Menge an Wasserdampf ab, muss es den Dampf loswerden – und er wird flüssig. So entsteht übrigens auch Regen.

Kondensationskeim

(Kapitel: Weltraumstrahlung sichtbar machen – mit dem Teilchendetektor für's Wohnzimmer)

Ein Gas kann nur dann kondensieren, wenn es kalt genug ist und wenn ein sogenannter Kondensationskeim da ist. Das kann Staub sein, eine andere kleine Verunreinigung in der Luft oder ein Ion. Silberiodid ist ein gelbliches Salz, das sie super als Kondensationskeim eignet. 2008 wurde das Zeug massenhaft in Peking per Flugzeug in der Luft verteilt, damit es regnet und dann zur Eröffnung der Olympischen Sommerspiele schönes Wetter ist.

Kosmische Strahlung

(Kapitel: Weltraumstrahlung sichtbar machen – mit dem Teilchendetektor für's Wohnzimmer)

Die kosmische Strahlung ist ein Teilchenschauer, der auf die Erdatmosphäre einprasselt. Sie besteht größtenteils aus Protonen, Elektronen und ionisierten Atomen. In der Erdatmosphäre trifft die Strahlung auf Luftmoleküle, die in weitere Teilchen zerfallen. Was bei uns auf der Erdoberfläche ankommt, ist deutlich schwächere Strahlung. Es ist nicht nicht vollständig geklärt, woher die kosmische Strahlung kommt. Vieles deutet darauf hin, dass Supernova-Explosionen im All die Ursache sind.

Kristall

(Kapitel: Top-Secret Bildschirm – ein Monitor, dessen Inhalt nur ihr sehen könnt!)

Ein Kristall ist ein Stoff, der sehr regelmäßig aufgebaut ist. So, wie wenn man immer die gleiche Abfolge Legosteinchen aneinander legt. Durch diese Regelmäßigkeit haben Kristalle besondere Eigenschaften, beispielsweise wenn Licht auf sie trifft. Das wird dann nach ganz bestimmten Regeln reflektiert und durchgelassen – anders als bei nicht-kristallinen Stoffen wie zum Beispiel Eisen. Ein Kristall, das in unserem Alltag ständig Auftritt, ist Salz. In dem Kapitel »Wie du mit deinem Smartphone Unsichtbares sichtbar machen kannst – das Handy-Mikroskop« erfahrt ihr, wie ihr ein Gerät baut, mit dem ihr beispielsweise diese Kristallstruktur sichtbar machen könnt.

Ladungsträger

(Kapitel: Elektrische Ladung sichtbar machen – mit dem Elektroskop; Strom aus Münzen)

In der Physik versteht man unter Ladungsträgern Elektronen oder Ionen. Das sind Teilchen, die eine elektrische Ladung tragen – wie der Name schon sagt. Wenn sich Ladungsträger bewegen, entsteht ein elektrischer Strom.

Ladungstrennung

(Kapitel: Elektrische Ladung sichtbar machen – mit dem Elektroskop)

Ladungstrennung bedeutet, dass positive und negative Ladungen getrennt werden. Normalerweise sind positive und negative Ladungen beisammen – sie ziehen sich ja gegenseitig an. So sind Atome, Moleküle und ganze Objekte meistens elektrisch neutral. Wenn ihr zwei Stoffe aneinander reibt, kann es passieren, dass ihr Elektronen aus dem einen Stoff herausschlagt, die vom anderen Stoff aufgenommen werden. Das passiert beispielsweise, wenn ihr mit Plastikschuhen über einen Teppichboden schlurft. Es gibt auch andere Möglichkeiten, Ladungen zu trennen: elektrochemische Vorgänge wie bei der Münzbatterie oder Influenz zum Beispiel. Influenz bedeutet, dass Ladungen verdrängt werden, weil ein anderer gleichnamig geladener Körper in der Nähe ist – gleichnamige Ladungen stoßen sich ab, verschiedennamige Ladungen ziehen sich an.

Leuchtdiode, LED
(Kapitel: Superkräfte selbstgemacht: Ein Nachtsichtgerät aus einer alten Digitalkamera; Strom aus Münzen)

Eine LED (light emitting diode) ist ein kleines elektronisches Bauteil, das mit wenig Strom betrieben wird und in der Regel Licht aussendet. Es gibt sie in vielen verschiedenen Farben und sogar solche, die Wellen außerhalb des sichtbaren Spektrums aussenden, etwa im Infrarot-Bereich.

Linse (optische)
(Kapitel: Wie du mit deinem Smartphone Unsichtbares sichtbar machen kannst – das Handy-Mikroskop; Beamer aus einem Smartphone)

Viele Leute verwechseln »Lupe« und »Linse«. Dabei ist Linse der allgemeinere Begriff. Eine Lupe besteht normalerweise aus einer Linse, die auf beiden Seiten nach außen gewölbt ist und Gegenstände vergrößert. Es gibt Linsen in vielen verschiedenen Formen (die Seiten können auch teilweise flach oder nach innen gewölbt sein). Alle lenken Licht ab und bewirken so eine Veränderung des Bildes – Vergrößerung oder Verkleinerung. Normalerweise bestehen sie aus Glas oder Plastik.

Luftdruck
(Kapitel: Mission Wettervorhersage – werdet zu Forschern mit eurer eigenen Wetterstation)

Wenn ihr einen Luftballon ins Schwimmbad mitnehmt und ihn unter Wasser zieht, wird er immer kleiner, je tiefer ihr taucht. Logisch, denn das Wasser drückt ja von oben und von der Seite. Man kann den Wasserdruck richtig spüren. Das gleiche passiert auch bei Luft: Um uns herum ist ein riesiges »Schwimmbecken« aus Luft, das bis zum Rand der Erdatmosphäre reicht. Auch wenn man fälschlicherweise denkt, dass Luft nichts wiegt, reicht die riesige Masse Luft über uns aus, um einen Druck zu erzeugen – den Luftdruck.

Luftfeuchtigkeit
(Kapitel: Mission Wettervorhersage – werdet zu Forschern mit eurer eigenen Wetterstation)

Jeder, der schon mal Spaghetti gekocht hat, weiß: Heißes Wasser verdunstet. Aber wohin? Wenn Wasser zu Wasserdampf wird, verteilt sich dieser in der Luft. Die Luft kann also Feuchtigkeit aufnehmen, aber nur eine gewisse Menge. Je wärmer die Luft, desto mehr. Ist irgendwann einmal die Luftfeuchtigkeit zu hoch (oder kühlt feuchte Luft ab), dreht sich der Spieß um: Der in der Luft gelöste Wasserdampf wird wieder flüssig, er kondensiert. Dann kann es zum Beispiel regnen.

Magnet
(Kapitel: Elektromotor selbstgebaut)

Magnete ziehen andere Magnete an, aber auch bestimmte Metalle. Diese Metalle nennt man ferromagnetisch. Ein Magnet erzeugt ein Magnetfeld. In Zeichnungen wird das oft mit Linien angedeutet, die vom Nordpol des Magneten zum Südpol laufen. Ein Magnetfeld entsteht auch rund um bewegte Ladungen, also zum Beispiel rund um einen Leiter, durch den Strom fließt.

Magnetfeld
(Kapitel: Elektromotor selbstgebaut)

Siehe **Magnet**

Metalle, edle
(Kapitel: Strom aus Münzen)

Edle Metalle sind besonders beständig und widerstehen dem Angriff von anderen Stoffen besonders gut. Sie rosten weniger schnell und werden von Säuren langsamer zersetzt. Gold und Silber sind Beispiele für edle Metalle. Dem gegenüber stehen unedle Metalle, die deutlich schneller mit anderen Stoffen reagieren, Beispiele sind Eisen oder Zink. Da diese Metalle entsprechend weniger beständig sind, werden sie kaum für Münzen oder Schmuck verwendet.

Photon
(Kapitel: Meister des Lichts: Magische Photonen zähmen – mit einer CD!)

Manche Leute nennen Photonen auch Lichtteilchen, denn sie sind die Teilchen, die für Licht verantwortlich sind. Licht kann Energie transportieren – das merkt man, wenn einem im Sonnenlicht warm wird. Photonen, die die Sonne ausstrahlt, tragen diese Energie. Allerdings sind Photonen recht merkwürdige Teilchen. Sie verhalten sich nämlich nicht wie kleine Tennisbälle, die durch die Gegend fliegen, sondern sie haben gleichzeitig Eigenschaften von Wellen: Sie können sich beispielsweise überlagern und noch so einiges anderes. Photonen erzeugen ein elektromagnetisches Feld, so ähnlich wie Magnete ein magnetisches Feld erzeugen. Deshalb spricht man bei Licht auch von einer elektromagnetischen Welle.

Polarisation von Licht
(Kapitel: Top-Secret Bildschirm – ein Monitor, dessen Inhalt nur ihr sehen könnt!)

Licht ist eine elektromagnetische Welle (siehe **Photon**). Wenn ihr euch diese Welle vorstellt als etwas, das auf- und abschwingt und sich dabei in eine Richtung ausbreitet, seht ihr, dass diese Schwingung in einer Ebene stattfindet. Also beispielsweise immer »rauf und runter«. Eine andere Möglichkeit wäre »links und rechts«. Und noch eine andere Möglichkeit wäre »wild durcheinander«. Letzteres nennt man »unpolarisiert«. Die anderen Fälle, in denen die Schwingung in einer klar festgelegten Ebene stattfindet, heißen »polarisiert«. Die Polarisation ist also eine Eigenschaft von Wellen, insbesondere eben auch von Licht.

Projektion
(Kapitel: 3D-Effekt auf dem Smartphone – Hologramme selbst gemacht)

Eine Projektion ist eine Abbildung von einer Vorlage auf einem anderen Hintergrund. Ein Beamer beispielsweise erzeugt eine Projektion auf einer Leinwand.

Radiowellen
(Kapitel: Auf Schatzsuche – Metalldetektor selbst gebaut)

Radiowellen sind elektromagnetische Wellen (siehe **Photon**). Im Gegensatz zu den elektromagnetischen Wellen, die man sehen kann (Licht), liegen Radiowellen in einem anderen Frequenzbereich.

Reflexion (Licht)
(Kapitel: Meister des Lichts: Magische Photonen zähmen – mit einer CD!; Pimp My WiFi – WLAN-Hacks für zu Hause)

Ein Spiegel reflektiert Licht – das hat sicher jeder schon einmal beobachtet. Das bedeutet physikalisch, dass eine einfallende Welle an der Grenzfläche zwischen Luft und Spiegel zurück geworfen wird. Solch eine Reflexion kann auch an anderen Grenzflächen stattfinden, beispielsweise wenn ihr unter Wasser taucht und nach oben schaut – dann seht ihr oft eine Reflexion der Unterwasserwelt. Das kommt daher, dass Licht, das sich von einem dichten Medium (Wasser) in Richtung dünnes Medium (Luft) bewegt, unter bestimmten Winkeln reflektiert wird.

Schmelzen, Schmelzwärme
(Kapitel: Getränke eiskalt in 3 Minuten – der Super-Freezer)

Wenn ihr einen Eiswürfel auf die Herdplatte legt, fängt er nicht sofort an zu schmelzen. Erst erwärmt er sich, bis seine Schmelztemperatur erreicht ist. Dann erst wird aus festem Wasser (Eis) flüssiges Wasser. Bis zu dem Moment, in dem sich der sogenannte Aggregatszustand von »fest« zu »flüssig« ändert, wird die gesamte Wärmeenergie im Eiswürfel für das Aufwärmen verwendet. Ist die Schmelztemperatur erreicht, ordnen sich die Moleküle um, um »flüssig« zu werden. Dafür ist wiederum Energie nötig – die Schmelzwärme.

Schmelztemperatur, Gefriertemperatur
(Kapitel: Getränke eiskalt in 3 Minuten – der Super-Freezer)

Siehe **schmelzen**

Spektrum des Lichts
(Kapitel: Meister des Lichts: Magische Photonen zähmen – mit einer CD!)

Licht ist eine elektromagnetische Welle (siehe **Photon**). Eine Welle hat eine Frequenz und eine Wellenlänge. Licht, das wir Menschen sehen können, liegt in einem ganz bestimmten Frequenzbereich. Dieser Bereich ist das Spektrum des sichtbaren Lichts. In ihm liegen alle Farben, die man sich vorstellen kann. Licht in allen diesen Farben zusammen ergibt weißes Licht. Umgekehrt kann weißes Licht auch in seine Bestandteile zerlegt werden, beispielsweise, wenn weißes Sonnenlicht an Wassertröpfchen reflektiert und gebrochen wird. So entstehen die Regenbogenfarben. Außerhalb des sichtbaren Frequenzbereichs liegen Infrarotlicht und am anderen Ende des Spektrums **ultraviolettes Licht**.

Temperatur
(Kapitel: Warum ist der Kühlschrank hinten heiß? Wir bauen eine Klimaanlage; Mission Wettervorhersage – werdet zu Forschern mit eurer eigenen Wetterstation)

Die Temperatur ist eine Eigenschaft von Stoffen, also beispielsweise Luft, Flüssigkeiten oder festen Stoffen. Sie wird oft in der Einheit Grad Celsius (°C) angegeben, aber Physiker bevorzugen Kelvin (K). Diese Temperaturskala beginnt beim absoluten Nullpunkt (-273,15 °C). Kälter geht es nicht. Wenn zwei Objekte dieselbe Temperatur haben, bedeutet das, dass keine Wärme zwischen ihnen fließt. Falls sie eine unterschiedliche Temperatur haben, fließt Wärme vom wärmeren zum kälteren Objekt, bis die Temperaturen gleich sind. So etwas wie »Kälte fließt zum wärmen Objekt« gibt es nicht, denn »Kälte« ist keine physikalische Größe.

Übersättigter Dampf
(Kapitel: Weltraumstrahlung sichtbar machen – mit dem Teilchendetektor für's Wohnzimmer)

Wenn die Sonne scheint, verdunsten Pfützen. Das bedeutet, dass die Luft den Wasserdampf aufnimmt. Gase (etwa Luft) sind in der Lage, eine bestimmte Menge Dampf zu speichern. Je wärmer die Luft, desto mehr.

Ultraviolettes Licht
(Kapitel: Superkräfte selbstgemacht: Ein Nachtsichtgerät aus einer alten Digitalkamera)

Siehe **Spektrum des Lichts**

Ultraschall
(Kapitel: Superkräfte selbstgemacht: Ein Nachtsichtgerät aus einer alten Digitalkamera)

Ultraschall besteht aus Schallwellen mit einer so hohen Frequenz, dass sie der Mensch nicht mehr hören kann. Fledermäuse piepsen beispielsweise mit Ultraschalltönen.

Unterdruck
(Kapitel: Mission Wettervorhersage – werdet zu Forschern mit eurer eigenen Wetterstation)

Der Begriff »Unterdruck« bezieht sich meistens auf den Luftdruck. Unterdruck herrscht dann, wenn der Druck in einem bestimmten Bereich niedriger ist als in der sonstigen Umgebung. Wenn ihr beispielsweise an einem Strohhalm saugt, zieht ihr die Luft aus dem Röhrchen. Im Vergleich zur Umgebung herrscht dort dann ein Unterdruck. Die Natur ist bestrebt, Druck auszugleichen. Luft, Wasser oder Saft (beispielsweise) fließt dann von Bereichen mit hohem Druck (Überdruck) in Bereiche mit Unterdruck. Das Ergebnis im Strohhalm-Beispiel: Das Getränk steigt nach oben.

Verdunsten

(Kapitel: Warum ist der Kühlschrank hinten heiß? Wir bauen eine Klimaanlage)

Wasser gibt es in vielen verschiedenen Formen: als Festkörper (Eis), flüssig und als Wasserdampf, also gasförmig. Diese drei Formen nennt man Aggregatszustände. Die Übergänge zwischen diesen Zuständen haben auch Namen: schmelzen (fest zu flüssig), verdunsten (flüssig zu gasförmig) und in die andere Richtung kondensieren (gasförmig zu flüssig) und gefrieren (flüssig zu fest).

Wärmeenergie

(Kapitel: Warum ist der Kühlschrank hinten heiß? Wir bauen eine Klimaanlage)

Alles um uns herum besteht aus kleinen Bausteinen, den Atomen. Diese Atome können sich bewegen. Stellt euch eine Kartoffel vor – sie ist aufgebaut aus Milliarden von Atomen. Alle zappeln fröhlich umeinander. Die ganze Kartoffel bewegt sich dadurch nicht – aber man kann diese Bewegungsenergie der Atome trotzdem spüren: als Wärme. Wärmeenergie ist die Energie, die all diese kleinsten Bestandteile haben, um sich zu bewegen.

Wellenlänge

(Kapitel: Superkräfte selbstgemacht: Ein Nachtsichtgerät aus einer alten Digitalkamera; Meister des Lichts: Magische Photonen zähmen – mit einer CD!)

Die Wellenlänge ist definiert als der Abstand zwischen zwei benachbarten Wellenbergen oder Wellentälern.